江西财经大学“鄱阳湖生态经济区发展研究”跨学科创新团队学术研究成果
世界银行中国经济改革实施技术援助项目
江西财经大学鄱阳湖生态经济研究院资助出版

鄱阳湖生态经济区环境保护与生态扶贫问题研究

孔凡斌 著

中国环境科学出版社·北京

图书在版编目（CIP）数据

鄱阳湖生态经济区环境保护与生态扶贫问题研究/孔凡斌著. —北京：中国环境科学出版社，2011.1

ISBN 978-7-5111-0110-5

Ⅰ. ①鄱… Ⅱ. ①孔… Ⅲ. ①鄱阳湖—生态型—经济区—生态环境—环境保护—研究②鄱阳湖—生态型—经济区—经济发展—经济政策—研究 Ⅳ. ①X321.256②F127.56

中国版本图书馆 CIP 数据核字（2011）第 017471 号

责任编辑 张维平
封面设计 玄石至上

出版发行 中国环境科学出版社
（100062 北京东城区广渠门内大街 16 号）
网 址：http://www.cesp.com.cn
联系电话：010-67112765（总编室）
发行热线：010-67125803，010-67213405（传真）
印 刷 北京东海印刷有限公司
经 销 各地新华书店
版 次 2011 年 1 月第 1 版
印 次 2011 年 1 月第 1 次印刷
开 本 787×1092 1/16
印 张 7.75
字 数 205 千字
定 价 24.00 元

前 言

2009年12月12日，国务院正式批复了鄱阳湖生态经济区规划，这是新中国成立以来江西省第一个列为国家战略的区域性发展规划，是江西发展史上的重要里程碑。建设鄱阳湖生态经济区，是引领江西长远发展的大战略，是惠及全省、造福子孙的大工程。鄱阳湖生态经济区涵盖38个县（市、区），其中滨湖县（市、区）25个。濒临鄱阳湖的25个滨湖县（市），是江西贫困地区和贫困人口比较集中的区域之一。虽然通过多年来的扶贫开发，鄱阳湖滨湖农村的贫困面貌发生了很大变化。但由于江西省目前经济总体上仍然欠发达，自身的力量非常有限，加之鄱阳湖滨湖地区因历史的、地理的和自然灾害频繁等种种原因，滨湖贫困农村和贫困群众底子薄、基础差、能力弱、发展慢的状况尚未根本改变，扶贫开发任务仍然繁重而艰巨。25个滨湖县（市）的贫困问题直接影响鄱阳湖生态经济区的建设。要建设和保护好鄱阳湖生态经济区，必须解决滨湖地区常住人口数量众多与生态环境承载能力有限的矛盾，必须解决现有湖区农民收入源与环境保护的矛盾，必须解决污染企业关停与迁移和地方财政与就业人员收入增长的矛盾，必须解决改善湖区贫困农村基础设施的努力与环境负相关的矛盾。这些矛盾不解决，鄱阳湖生态经济区内的环境保护努力将难以奏效和持久。

因此，在保护生态环境的同时减少贫困，是鄱阳湖生态经济区建设的重要内容，是鄱阳湖生态经济区建设整体规划要考虑的重要因素，也是搞好鄱阳湖生态经济区规划实施过程中需要研究的重大课题。为此，2010年5月，江西省发展和改革委员会将世界银行中国经济改革实施援助项目“鄱阳湖生态经济区建设问题研究：在保护生态环境的同时减少贫困问题研究”课题委托给作者承担，通过半年多的努力，项目研究工作顺利结束，并通过了世界银行项目管理方的验收。本著作是在项目总结报告的基础上形成的。本著作共分以下5章：

第1章是关于项目背景和研究内容介绍，阐述了开展本项目的必要性和现实意义，明确了本项目研究的基本思路、主要方法和技术线路，介绍了样本县选取情况。

第2章是关于贫困问题的理论研究。系统分析了国内外关于贫困及反贫困理论研究成果，包括农村贫困的概念、类型、测度、分析视角、中国农村扶贫政策的演进过程、主要内容和实施绩效评价理论实证分析，重点将生态功能区分区与生态贫困、区域生态补偿作为环境与贫困关系理论研究的主要视角进行了专题分析。对这些研究成果分析可以为鄱阳湖生态经济区生态扶贫政策研究提供重要的理论依据。

第3章是关于鄱阳湖湖滨区环境保护与贫困现状分析。对鄱阳湖生态经济区的基本情况给出了具体分析。包括鄱阳湖生态经济区的区域特征、生态环境特征以及社会经济总体情况的分析，并得出结论：鄱阳湖生态经济区不仅具备了得天独厚的自然优势，同时也具备了经济发展的另一重要条件及产业发展优势。分析了鄱阳湖滨湖地区贫困现状，并对鄱阳湖生态经济区的贫困类型进行了系统分析，得到了农村贫困类型呈现多元化特征的结论，即滨湖区农村贫困人口面临经济贫困、环境贫困和文化贫困，三者相互交织，增加了农村贫困问题的复杂性。分析了鄱阳湖滨湖地区贫困原因，总结出三大致贫因素：经济因素、环境因素和社会因素。三大因素相互影响，互为因果，增加了农村贫困问题的复杂性，构建了理论模型。

第 4 章是鄱阳湖生态经济区生态环境保护中消除贫困的资金需求与资金供给分析。分析了鄱阳湖生态经济区有关功能分区的相关政策导向；在功能分区研究的基础上，确定了鄱阳湖生态经济区产业调整指导类型，结合鄱阳湖区实际，将现有鄱阳湖产业分为四类：允许类、鼓励类、限制发展类和淘汰类；估算出全部贫困人口脱贫至少需要 2.05 亿元的资金，帮助贫困人口解决行路难、用电难、饮水难、改厕和环境整治五个基础问题，以及农户劳动力培训的资金需求量是 7.3 亿元，综合农户层面和社区层面的资金需求，合计资金需求量为 9.35 亿元；按照通用的环境敏感控制计量测算方法，界定了理论上需要关闭企业数量是 147 家，测算企业关闭后的经济损失总量，以此为基础，计算关闭企业需要补偿的资金总量至少需要 67.920 41 亿元；同时就资金筹措机制进行了计算，提出政府出资 87.7 亿元规划方案。

第 5 章是关于鄱阳湖滨湖地区生态环境保护中减少贫困政策研究。回顾了我国改革开放以来农村扶贫政策的变化过程和主要内容，评价了江西省及鄱阳湖生态经济区农村扶贫模式和成效，提出了目前的扶贫政策及其政策执行过程中出现的主要问题；比较系统地阐述了国际扶贫模式及其主要经验，提出了国际扶贫模式对中国反贫困政策的启发点。在上述基础上，重点从生态产业发展带动区域社会经济发展的角度设计了鄱阳湖生态经济区产业发展重点，从创新扶贫模式的角度设计新形势下的鄱阳湖生态扶贫政策和扶贫模式，还重点就完善鄱阳湖生态经济区农村社会保障体制方面提出了具体的政策建议；阐述了加快鄱阳湖生态经济区农村基础设施建设改善农民生产生活条件达到减少和消除贫困的对策；将生态补偿机制引入到生态扶贫政策体系，提出了建立鄱阳湖生态经济区生态补偿机制的工作重点、实施途径以及保障措施。

本项目研究得到了许多专家学者的支持和帮助，他们是江西财经大学党委书记廖进球教授、副校长梅国平教授，江西财经大学鄱阳湖生态经济研究院张利国副教授、旅游与城市管理学院胡绵好副教授，尤其要感谢江西农业大学南昌商学院杜丽老师，她为本项目的完成付出了大量的辛勤劳动。

还要特别感谢江西省发展和改革委员会国民经济综合处李庆红处长、李光东副处长、陶然主任科员，以及江西省农业利用外资办公室李金华主任、范国华副主任，江西省环境保护厅生态保护处冀常和处长、国家统计局江西调查总队农村入户调查处周献华处长等领导的大力支持和帮助。

鄱阳湖生态经济区生态环境保护和生态扶贫是一个重大的现实问题，而生态环境保护和消除贫困问题本身就是一对矛盾的统一体。在保护生态环境的同时减少贫困，可以说是一个世界性的难题。世界经济发展历史表明，工业化和城镇化过程难以避免地要对区域生态系统带来巨大压力，环境污染更是难以避免。在江西这样一个经济总体欠发达地区，全面推进鄱阳湖生态经济区建设，必须加快工业化和城镇化进程，这是实现"进位赶超"目标的必然要求。在这一形势下，如何有效解决经济快速增长与生态环境保护协调发展，如何在保护生态环境的同时最大限度地消除贫困人口生存和发展困境，实现环境保护和经济社会发展的"双赢"，是摆在政府和学界面前的重大命题。本著作则是对该重大命题的一次尝试性的初步探索，大量借鉴了前人的理论研究成果，在政策设计上也参考了国内外的实践经验和研究成果，在借鉴的基础上，结合鄱阳湖生态经济区的实际情况，针对鄱阳湖滨湖地区农村贫困问题进行了重点探索，提出了一些政策建议，并努力使政策设计对指导县（市）级"十二五"农村扶贫规划有直接的参考价值。

非常感谢此前很多专家对类似问题所作的卓有成效的研究，尽管我们一直努力将本著作中引用成果的出处清楚地标注出来，但是终究难免有遗漏之处，对此我们表示真诚的歉意！同时，由于时间比较仓促，加上本人对该问题的认识水平和学术能力的限制，本著作中一定存在一些不妥当甚至错误的地方，敬请广大专家学者和读者多提宝贵意见和建议！

本著作适合生态学、经济学、管理学、环境科学等专业的本科生和研究生阅读，也可以作为政府部门工作人员参考用书。

孔凡斌

2010年12月31日于江西财经大学蛟桥园北区综合楼

目 录

第 1 章

研究背景及项目介绍

内容提要：介绍本研究项目背景和主要研究内容，阐述了开展本项目研究的必要性和现实意义，明确了研究思路、研究方法和技术路线，介绍了样本县（市、区）选取情况。

1.1 研究背景及意义

21 世纪以来，消除贫困的迫切需要使得环境保护与消除贫困之间的相互关系成为环境政策争论的重要内容。不幸的是，全球性的环境问题对世界上最贫困人群所依赖的资源的影响最为严重。贫困与环境退化之间的相互关系经常被称为“贫困陷阱”，即贫困导致了环境退化，而环境退化又加剧了贫困。“贫困陷阱”使欠发达地区陷入了因生计困难、积蓄极少的恶性循环。聚居生态系统的脆弱性、现代技术缺乏、自然灾害，所有的这些因素导致了极低的资本投入、极少的技术和不完善的教育，这些又进一步加剧了环境退化。同时，不公平或者行之无效的政策进一步加剧了这种脆弱特征的危害。

2009 年 12 月 12 日，国务院正式批复了鄱阳湖生态经济区规划，鄱阳湖生态经济区建设上升为国家战略。鄱阳湖生态经济区涵盖 38 个县（市、区），其中滨湖县（市、区）25 个。鄱阳湖的 25 个滨湖县（市、区），是江西贫困地区和贫困人口比较集中的区域之一。虽然通过多年来的扶贫开发，鄱阳湖滨湖农村的贫困面貌发生了很大变化。但由于江西省目前经济总体上仍然欠发达，自身的力量非常有限，加之鄱阳湖滨湖地区因历史的、地理的和自然灾害频繁等种种原因，滨湖贫困农村和贫困群众底子薄、基础差、能力弱、发展慢的状况尚未根本改变，扶贫开发任务仍然繁重而艰巨。25 个滨湖县（市、区）的贫困问题直接影响鄱阳湖生态经济区的建设。要建设和保护好鄱阳湖生态经济区，必须解决滨湖地区常住人口数量众多与生态环境承载能力有限的矛盾，必须解决现有湖区农民收入源与环境保护的矛盾，必须解决污染企业关停与迁移和地方财政与就业人员收入增长的矛盾，必须解决改善湖区贫困农村基础设施的努力与环境负相关的矛盾。这些矛盾不解决，鄱阳湖生态经济区内的环境保护努力将难以奏效和持久。

因此，在保护生态环境的同时减少贫困，是推进鄱阳湖生态经济区建设的迫切需要，是鄱阳湖生态经济区建设整体规划要考虑的重要内容。

1.2 研究目的、内容和主要研究方法

1.2.1 研究目的

“在保护生态环境的同时减少贫困问题研究”是世界银行中国经济改革实施技术援助项目“鄱阳湖生态经济区建设问题研究”项目活动之一。项目研究主要目的是从鄱阳湖滨湖地区地方政府、贫困乡村及贫困农户的利益出发，寻求既能有效保护湖区生态环境，又能促进贫困农户脱贫致富、贫困乡村基础设施与公益事业改善和地方财政增收的途径。同时，通过项目研究，努力为探索我国大湖地区特殊类型的生态扶贫新政策机制提供一种有理论意义的研究思路和分析框架。

1.2.2 研究思路

本项目研究坚持以“问题”为导向的对策研究思路，按照“问题发掘—原因分析—国内外经验借鉴—模式选择—政策建议”的技术线路开展研究，具体的技术路线图如图 1-1 所示。

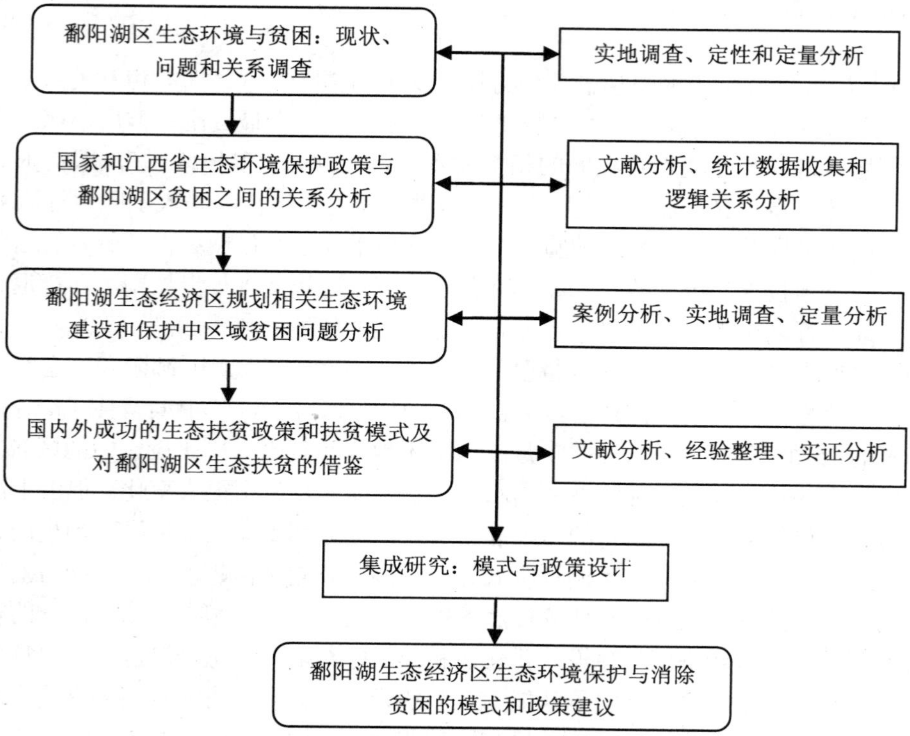

图 1-1　项目研究技术路线图

1.2.3 研究内容

本研究通过引入贫困理论和研究相关的技术方法，并结合鄱阳湖生态经济区的贫困现

状、原因的分析，调查滨湖地区农村现有基础设施与公益事业、现有农业产业与资源采掘业和现有工业企业的排污情况，在此基础上进行相关分析，并最终测算出滨湖地区为保护环境同时减少贫困所需要的国家投入资金额度。在空间选择上，从鄱阳湖生态经济区涵盖的 38 个县（市、区）中选取其中的 25 个滨湖县（市、区）进行研究分析，并对现有的扶贫政策的减少贫困的效果进行总结性评述，最终给出客观的反贫困政策建议。

1.2.4 主要研究方法

（1）文献分析。收集大量国内外的贫困与生态环境研究的相关论文资料，进行整理分析，了解现阶段国内外保护环境的同时减少贫困相关理论的发展现状，了解江西省和鄱阳生态经济区贫困的基本现状并分析其导致贫困的原因。

（2）辩证分析方法。即用联系、发展、全面、对立统一、具体问题具体分析的观点认识鄱阳湖生态经济区贫困的内涵、历史背景、现实需要与主要矛盾。这是贯穿于整个研究过程的一个基本方法。

（3）比较分析的方法。贫困问题具有独特的历史背景，政策问题分析和配套政策研究可以借鉴欧美等国家的一些成功做法和历史经验，因此本研究选择比较研究的方法。

（4）实证（案例）与定量分析方法。实证分析是西方经济学界比较公认的研究方法，是一种比较成熟的研究范式。在保护生态环境的同时进行减少贫困的研究是现实性很强的问题，只有建立在实践基础上开展研究，才有实际指导意义。所以本研究重点采用这个方法，在资料收集过程中就该问题设计问卷，通过专家调查、关键人物访谈、主要污染企业实地调查走访、政府管理机构座谈等方式获取重要资料。

（5）规范分析方法。以一定的价值判断作为出发点和归宿，遵循“实然性分析、应然性研究”，立足现实，找出矛盾，提出设想，服务实践。

1.3 样本点的选择

按照咨询项目任务书的要求，本研究将鄱阳湖生态经济区湖滨地带的 25 个县（市、区）作为调查分析对象。

南昌市：西湖区、青云谱区、湾里区、青山湖区、安义县、南昌县、新建县、进贤县。

九江市：浔阳区、庐山区、瑞昌市、九江县、德安县、星子县、永修县、湖口县、都昌县、武宁县、共青城、彭泽县。

上饶市：鄱阳县、余干县、万年县。

景德镇市：乐平市、浮梁县。

抚州市：东乡县。

在这 25 个滨湖县（市、区）中，我们有重点地选择了若干个县（市、区）作为调查研究的样本县，进行详细调查。

在每个滨湖县（市、区）中，分别选择了 1～2 个典型行政村、1～2 家污染性企业。

第 2 章

相关贫困理论研究

内容提要：系统分析了国内外关于贫困及反贫困理论研究成果，包括农村贫困的概念、类型、测度、分析视角、中国农村扶贫政策的演进过程、主要内容和实施绩效评价理论实证分析，还重点将生态功能区分区与生态贫困、区域生态补偿作为环境与贫困关系理论研究的主要视角进行了专题分析。对这些研究成果分析可以为鄱阳湖生态经济区生态扶贫政策研究提供重要的理论依据。

2.1 国外贫困理论研究及国际反贫困政策变化趋势

本章主要从国外贫困理论的研究发展以及中国农村贫困的理论研究和实践探索出发，回顾贫困理论研究的发展历程，使我们能够更深刻地认识到贫困问题的长期性、复杂性和反贫困的艰巨性，从而为后面的政策研究提供坚实的理论基础。

2.1.1 国外贫困相关概念演进

2.1.1.1 贫困概念的演进

《1980 年世界发展报告》中仅以物质资源和收入来定义贫困，10 年后，《1990 年世界发展报告》把传统的基于收入的贫困定义进行了扩充，加入了能力因素，即缺少达到最低生活水准的能力，例如健康、教育和营养等；7 年后，《1997 年世界发展报告》在能力贫困理论基础上提出了人类贫困新贫困概念，并构建了人类发展指数，每年向全球公布。

从世界银行的发展报告可以看出贫困定义发展的三个阶段，即从初期的单一收入贫困发展到多元的能力贫困，再到目前包含非经济因素（政治的、法律的、社会的）的人类贫困或者说权利贫困，对贫困内涵的认识正在不断深化，贫困理论范畴已超越经济范围，更多地融入社会及政治领域。

（1）收入贫困。贫困的最初定义可以追溯到 19 世纪末英国经济学家朗特里（Seebohm Romntree）对英国贫困的开创性研究。他在 1901 年出版的《贫困：城镇生活研究》一书中将贫困定义为："如果一个家庭的总收入水平不足以获得仅仅维持身体正常功能所需的最低生活必需品，包括食品、房租和其他项目等，这个家庭就基本上陷入了贫困之中。"因为他是用家庭收入或支出来度量贫困的，因此，这种贫困通常称为收入贫困（income poverty）。此外，朗特里所提出的贫困概念是与生理上最低需要相联系的，低于这个需要，人就不能正常成长和生活，因此，这种贫困又被理解为绝对贫困。自此开始，贫困研究者也大都倾向于从收入或者说从绝对标准的角度来研究贫困问题，像美国的经济学家雷诺兹（Reynolds，1986）就这样定义绝对贫困："贫困最通行的定义是年收入的绝对水平，多少钱能使一个家庭勉强过着最低生活水平的生活，这就是绝对贫困。"20 世纪 70 年代开始，对绝对贫困标准的抨击越来越多，相对贫困的研究逐渐展开。1958 年，美国经济学家加尔布雷斯最早明确提出相对贫困的概念，同时他也是最早使用相对贫困线的学者。他认为："即使一部分人的收入可以满足生存需要，但是明显低于当地其他人的收入时，他们也是贫困的，因为他们得不到当地大部分人认可的体面生活所需要的起码条件。"（Galbraith，1958）。加尔布雷斯的相对贫困概念一经提出，就引起了学术界的热烈讨论，更值得一提的就是英国学者汤森德（Townsend，1971）对相对贫困概念进行的细致阐述，这对于后来西欧国家普遍采用相对贫困线的做法起到了很大的影响作用。

（2）能力贫困。能力贫困是诺贝尔经济学奖得主阿马蒂亚·森首创的贫困理论。他在 20 世纪 80 年代出版的四部著作，即《贫困与饥荒》（1981）、《资源、价值与发展》（1984）、《饥饿与公共行为》（1989）以及《以自由看待发展》（1999）中，完整地提出了能力贫困（capability poverty）的概念，即"贫困是对基本的可行能力（capabilities）的剥夺（derivation）而不仅仅是收入的低下"。这就是说，他认为贫困是一个综合概念，也是一个社会属性的概念，它不仅仅指收入贫困，也包括能力不足和社会排斥。这就从一个更为深刻的角度来真实追寻和探讨贫困的根本原因，而非表面现象。

（3）权利贫困。20 世纪 80～90 年代，贫困研究学者在充分接纳收入贫困和能力贫困理论的基础上，从经济人的角度来看待贫困，即注重穷的状况——穷人的声音。基于这种思考角度，经济学家们将脆弱性、无话语权、社会排斥引入贫困概念，将贫困的概念扩展到权利贫困（entitlement poverty）。所谓权利贫困是指在缺乏平等权利和社会参与条件下，社会的一部分特殊人群的政治、经济、文化权利及基本人权缺乏保障，使其难以享有与社会正式成员基本均等的权利而被社会排斥或边缘化所导致的一种状态（陈建生，2009）。而权利贫困的概念主要来源于三大与贫困有关的理论，即"社会剥夺"和"社会排斥"理论、"能力理论"以及"脆弱性"理论。

2.1.1.2 贫困的测度

随着贫困理论的不断完善，贫困的测定也成为其一个重要的组成部分。亚当·斯密斯是第一个关注贫困测定的学者，他对于生活必需品的界定被学术界认为是贫困测定的理论起点。此后更多的学者开始关注有关贫困测度的这一研究领域，提出了很多测度贫困的方法。

（1）基本需求法。贫困线的测度方法最早就是朗特里 1899 年在纽约的一个贫困研究会议上提出的"基本需求法"。在此基础上香港学者莫泰基提出了类似的"市场菜篮法"（Shopping Basket Method），英国学者阿尔柯克（Alcook）提出了"标准预算法"（Budget Standard）。这类方法的主要思想是根据居民家庭调查生活资料，确定出一系列生活必需品和服务作为受益人每月生活必不可少的需要，再按市场价格计算出生活费支出额，以此确定的货币量就是贫困线了。

（2）恩格尔系数法。1969 年，美国学者莫莉·奥珊斯基（Molie Orshansky）在其著作《如何度量贫困》中，以恩格尔定律为基础，提出了一种测量贫困的新方法即"恩格尔系数法”，并成为美国官方贫困线的测度方法。目前国际上通常是以恩格尔系数为 60%或 50%作为标准，其中 70%为绝对贫困，60%或 50%为相对贫困。

（3）马丁法。马丁法是由经济学家马丁·拉维林（Martin Ravalion）于 1999 年提出的一种新的测算贫困的方法。与很多贫困线估算方法相同，该方法也是对构成贫困线的食品支出和非食品支出分别进行了测定。其最重要的作用在于较好地解决了计算贫困人口的非食品支出这一难题。由食品支出和非食品支出确定的食品贫困线和非食品贫困线的合计即是我们所要估算的贫困线，而两个非食品贫困线中较低的一个与食品贫困线之和为低贫困线，另外非食品贫困线中较高的一个与食品贫困线之和叫做高贫困线。世界银行据此得到的国际贫困线标准分别为低贫困线每人每天消费 1 美元，高贫困线为每人每天消费 2 美元（按照 1985 年购买力计算），而我国官方所计算的农村贫困线就是这里的低贫困线。

2.1.2 反贫困国际政策经验及变化趋势

无论是发达国家还是发展中国家，贫困是人类社会普遍面临的难题，尽管贫困的表现各有不同。由于政治、经济、历史、文化等方面的不同，发达国家与发展中国家反贫困政策各有特点。在发达国家，例如美国和欧洲，目前存在的贫困现象以相对贫困为主，国家通常通过社会政策来保障贫困人口的生活。但具体又各有不同：美国强调自由主义和个人主义，认为“贫富是自己的事情，政府不应对此进行干预”。在此理念之下，美国除对少数弱势群体如老人、儿童、残疾人进行特殊补助外，对于其他贫困者，多采取扩大就业的反贫困政策，鼓励贫困人群积极就业以改善贫困状况。而欧洲则是建立广覆盖的、侧重于社会保障的反贫困政策。尤其是 1942 年英国《贝弗里奇报告》的出台，具有划时代的意义：该报告主张建立一套综合性的社会保障制度，以为每位社会成员提供基本的生活保障。《贝弗里奇报告》中的普遍性原则不仅对英国，也为许多其他欧洲国家所接受。“二战”后，这些欧洲国家纷纷建立了“福利国家”的制度和政策体系，以保证全体国民的福利。

发展中国家是贫困尤其是绝对贫困的主要发生地，当今世界 90%的贫困人口集中在南亚、撒哈拉以南非洲、东南亚、蒙古、中美洲、巴西及中国的中西部地区。在这些地区，经济落后，所以，经济增长在反贫困中的作用远甚于收入再分配。高速增长的经济尤其是劳动密集型经济增长，带来大规模就业，是落后国家反贫困的基本经验。尤其对于缓解农村贫困方面，主要是确保农业在市场开放中受益，并由政府给予部分生活补贴。这里我们根据对世界发达国家反贫困社会政策的考察，归纳出这些国家反贫困社会政策出现的一些新变化、新特点。

2.1.2.1 反贫困重点：从反绝对贫困到反相对贫困

随着经济的发展，人类基本生活需求的内涵不断扩大，贫困的相对性特征开始显现，相对贫困的概念随之产生。相对贫困标准要明确的是相对中等社会生活水平而言的贫困。它的产生主要源于两方面：一方面是指由于社会经济发展，贫困线不断提高而产生的贫困；另一方面是指同一时期，由于不同地区之间、各个社会阶层之间及各阶层内部不同成员之间的收入差别而处于生活底层的那一群组人的生活状况。在当今发达国家，随着经济的发展，绝对贫困已经在很大程度上得到了缓解。但由于贫困的相对性，消除相对贫困是非常困难的。所以，这些国家已适应贫困演变趋势，将反贫困工作的重点逐渐从消除绝对贫困转移到治理相对贫困上来。因为贫困的相对性永远存在，治理相对贫困将是一个长期的过程。同时，解决相对贫困的过程也是一个缩小贫富差距、促进社会融合的过程。因此，反贫困政策从反绝对贫困到反相对贫困的转变不仅体现了全球经济的发展、贫困的缓解，更体现了社会的进步。

2.1.2.2 反贫困主体：从政府为主到主体多元

政府虽然在各国的反贫困行动中发挥着重要作用，但政府并非唯一的行动者，贫困人口、市场组织、民间组织等都是反贫困中不可或缺的行动主体。首先，作为贫困人口本身，其不但是反贫困中的工作对象，更是重要的反贫困主体，反贫困工作不能缺少贫困人口的积极参与。其次，在市场经济发达国家（如美国），在价值取向上，强调政府不干预贫困问题，而是通过对私营企业减税、产业结构调整等手段增加就业，这一政策曾在克林顿执政前三年就创造了 800 万个就业机会。这种增加就业、减缓贫困的方式多依赖于市场组织即企业。以企业行动为主的促进就业反贫困模式不仅有助于长期改善贫困，还可以减少政府的负担。另外，很多国家的民间组织也将扶助贫困作为工作内容，通过慈善捐助等一系列形式为反贫困作贡献，并取得了显著的成就。各国反贫困经验表明，以政府为主导的多元反贫困主体组合，基于政府社会政策通过不同方式各自发挥自己的作用，多管齐下，使贫困得到了显著改善。

2.1.2.3 政策目标：从克服贫困到反对排斥

社会排斥理论由“社会剥夺”概念发展而来，形成于 20 世纪 90 年代。1995 年在丹麦哥本哈根召开的“社会发展及进一步行动”世界峰会将“社会排斥”视为消除贫困的障碍，要求反对社会排斥。此后，社会排斥理论更多地被应用于贫困、弱势群体等问题的研究。1985 年世界银行将人均年消费 370 美元即日均 1 美元的标准确定为贫困线，从此以后，世界各国都在为消除贫困、解决温饱而不懈努力着。到 2006 年 10 月 17 日，联合国确定的第 14 个国际消除贫困日，其主题仍然是“共同努力摆脱贫困”。但是随着社会经济的发展，人们也逐渐认识到贫困不单纯是物质生活方面的问题。英国学者汤森曾指出，贫困是一个被侵占、被剥夺的过程。在这一过程中，人们逐渐地、不知不觉地被排斥在社会生活主流之外。随着这一理论的发展及反贫困工作的进展，2008 年的第 16 个国际反贫困日的主题是“贫困人群的人权和尊严”，说明国际社会开始关注贫困人口的社会权利，注重对贫困群体权利和尊严的维护，促进他们与主流社会的融合。

2.1.2.4 反贫困内容：从反物质贫困到反文化贫困

随着反贫困工作的进展，研究者们发现：贫困从表面上看是经济性的、物质性的，而实际上是深层的社会文化在起着作用。这种社会的、文化的或心理的因素长期积淀后就形成落后的心态和一成不变的思维方式、价值取向，进而形成顽固的文化习俗和意识形态，即贫困文化。这种文化实际是对贫困的一种适应，一旦形成贫困文化，陷入其中的人将不自知，在外人看来他们就是“安于贫困”，缺乏“进取精神”。基于这一认识，当今发达国家反贫困的内容已不仅仅限于救助生活的反物质贫困，更注重贫困人口的心理层面和文化氛围，将其从“自甘堕落”的贫困文化的泥沼中拯救出来，正所谓“扶贫先扶志”。只有先从心理上摆脱贫困的习惯，才能在行动上去努力改善贫困。

2.1.2.5 反贫困方式：从生活救助到资产建设

随着经济社会的发展，发达国家对于贫困人口的帮助除了直接给予食物和津贴，更试图推动穷人的资产建设，以使其不仅从生活上摆脱贫困，更能够获得长远的发展。迈克尔·史乐山教授就是资产社会政策的积极倡导者，他倡导“资产”为基础的社会救助机制，通过政府、家庭及就业三项经济来源来鼓励贫困户家庭累积金融性的资产，并提升其理财技能，其所形成的福利效果在短期内不但可以提升贫困家庭的基本消费水准，在长期的福利效果上还可以由累积的资产衍生出更多的所得收入继续提升其消费水准或累计更多的资产。”资产建设强调个人进行长期的资产积累，以推动个人和家庭的发展。作为一种反贫困方式，其主要适用于以相对贫困为主的发达国家。例如，美国于 1998 年明确了资产社会政策的法律地位，并开展了被称为“美国梦”的个人发展账户示范工程；英国也为低收入家庭儿童建立了终身账户；此外，在加拿大、澳大利亚、乌干达、秘鲁和中国台湾也都陆续建立起了资产社会政策的试点或示范工程。资产建设不仅能改善贫困人口的长期生活状况，更能促进人的独立与自足，从而为社会的长期发展奠定基础。

2.1.2.6 反贫困方法：从传统方法到专业方法

西方社会工作的理论和方法较为发达，在当今反贫困工作中他们也很好地运用了这点，以克服传统的行政式反贫困方法的不足。在美国鼓励贫困人口就业的过程中，社会工作者及相关组织就做出了很大贡献。社会工作者通过专业的方法和组织对贫困者进行就业辅导和职业训练，并为他们提供大量的就业信息。另外，通过这些培训和与社会工作者的交流，也有助于贫困者摆脱自己的贫困文化，促进其脱离贫困。因此，注重社会工作方法在反贫困中的运用也是发达国家重要的反贫困经验。

2.2 中国农村贫困研究评述

2.2.1 有关贫困研究的基础理论

贫困是一个非常复杂的问题，是一个与地域、历史有关的综合概念，具有相对性，随时间、空间和人们的思想观念的变化而变化。因此，如何给贫困一个既准确又科学的定义及用什么样的标准界定贫困线，是人们一直在探讨的问题。

（1）贫困的定义。对贫困的定义，我国学者更倾向于从权利贫困或者资源贫困的角度定义贫困。对贫困的理解，概括起来大致有两种观点：一是认为贫困是物质上的缺乏，缺少维持基本生活资料；如国家统计局《中国城镇居民贫困问题研究》课题组和《中国农村贫困标准》课题组（1989）相关报告中这样定义：“贫困一般是指物质生活困难，即一个人或一个家庭的生活水平达不到一种社会可接受的最低标准。他们缺乏某些必要的生活资料和服务，生活处于困难境地。”二是认为贫困不仅是指物质上的匮乏，还包括精神上的贫困 。如夏振（2003）就认为，贫困还应包括“制度短缺、环境短缺和可行能力的短缺所造成的贫困”；童星和林闽钢（1993）也认为，贫困是“经济、社会、文化落后的总称”。

（2）贫困线的界定。贫困线是对贫困定义的进一步确定，通过以上对贫困概念的理解，就可以知道，贫困线的确定也是相当复杂，不同时期有不同的贫困线，比如 20 世纪 80 年代的贫困线与 90 年代的贫困线是不同的。不同的地区也有不同的贫困线，比如有国际贫困线，中国国家贫困线，城市贫困线及农村贫困线之分。而且也没有形成统一的贫困线测量标准，测量方法也有很多种，其中国内实用性较广的测量方法有国家统计局农调总队《农村贫困问题研究》课题组对马丁法的实践、唐钧的“综合法”以及童星和林闽钢的“三线论”。1990 年联合国确定的国际贫困线标准为 370 美元，即用人均 1 天 1 美元的标准来确定。但这一国际贫困线标准没有任何实际意义，因为在 2005 年之前，中国没有参加过联合国或者世界银行组织的 PPP 测算项目。中国官方贫困线的确定，最初是 1986 年由中国政府有关部门在对 6.7 万户农村居民家庭消费支出进行调查的基础上计算得出的，即 1985 年农村人均纯收入 206 元的标准。这些标准都是以绝对贫困理论为理论基础，主要关注人们的基本生存问题，实质上是温饱标准。1997 年，国家进一步完善贫困线的确定，运用了马丁法，计算出我国的贫困线。在 20 世纪期间，由于中国国家贫困面比较广，而且国家投入扶贫的资金十分有限，所以，国家用低贫困线作为农村贫困线，具体贫困线见表 2-1。

表 2-1　不同时期的中国官方贫困线标准

单位：元/a

年份	1997	1998	1999	2000	2001
贫困线	640	635	625	625	630
年份	2002	2003	2004	2005	2006
贫困线	627	637	668	683	693

贫困人口不仅仅是在农村，在城市也存在贫困人口，城市贫困也是一个相对的概念，城市贫困线也很难确定。城市贫困作为我国新时期社会经济生活中的重大现实问题，也已引起多学科多角度的关注和探讨，其中又以社会学和经济学方面的研究文献居多。从内容来看也不外乎城市贫困的测度、成因、现状、特征，以及对策等方面。在研究方法上，也同样经历着一个从静态分析向动态分析、从传统的注重定性分析向注重定量分析的转变过程。表 2-2 按照绝对贫困和相对贫困、规范分析和实证分析、静态分析和动态分析的视角，将国内近年来一些主要的城市贫困研究成果作以简单归类，疏漏在所难免，但仍然能够大致反映出关于我国转型时期城市贫困研究的主要脉络。

表 2-2　国内关于城市贫困研究的主要文献

作者及年份	绝对	相对	规范	实证	静态	动态
张问敏、李实（1992）		*		*	*	
陈宗胜（1993）	*			*		*
李实、古斯塔夫森（1996）		*		*	*	*
诸建芳（1997）		*	*			
魏众、B.古斯塔夫森（1998）	*					*
唐钧（1999）	*	*		*	*	
张问敏、魏众（1999）	*			*		*
阿齐兹·拉曼·卡恩（1999）	*			*	*	*
陈宗胜（2000）	*			*		*
周沛（2000）	*			*	*	
李实、John Knight（2002）				*		
李实（2004）	*			*	*	

作者及年份	绝对	相对	规范	实证	静态	动态
尹海洁、关士续（2004）				*	*	
洪兴建、李金昌（2005）	*			*	*	
冯星光、张晓静（2006）	*			*		*
陈立中、张建华（2006）	*			*		*

数据来源：根据中国知网数据收集整理。

2.2.2 贫困研究的宏观及微观视角

（1）宏观视角——农村贫困的区域分析。中国学者关于农村贫困的研究始于 20 世纪 80 年代的区域性农村贫困。区域性贫困的研究主要集中在两个方面。一方面是关于区域层面的界定问题，像安虎森就是从区域增长战略理论出发来探讨贫困落后地区的经济运行情况；许军就从扶贫开发的区域定位剖析，中国的扶贫开发策略应从区域定位转向瞄准贫困村和贫困户。另一方面则主要集中在分区域研究中西部地区或某些省区的贫困问题。例如，段庆林着重考察了我国西部地区农村贫困问题；朱玲主要考察的是云南少数民族地区的扶贫战略与实施计划；而忠民、全州则是以宁夏南部山区 8 个国定贫困县为案例，总结出反贫困的吊庄移民经验和模式。

（2）微观视角——贫困农户分析。农村贫困的主题就是农户，通过研究贫困农户和人口的经济行为特征，可以很好地研究中国的农村贫困问题，我国这方面的研究尚处于起步阶段，文献资料相对贫乏。比较系统的是傅晨、狄瑞珍对贫困农户的研究，他们在假定贫困农户行为的基础上构造了贫困农户的行为模型，对贫困农户的"道德风险"做出了很好的解释；孔祥智、马九杰的研究则更加具体，他们单独以中西部地区贫困农户为研究对象，分析贫困农户的经济基本特征，很好地解释了农民贫困的因素；当然还有一些学者的研究也比较有借鉴意义，比如魏众和古斯塔夫森的研究以及郑宝华的研究等。

2.2.3 中国反贫困政策及绩效分析

关于中国反贫困政策及其绩效的研究是自 20 世纪 50 年代初至今以来我国学者参与最多、发表论文最集中、讨论时间最长（15 年以上）的一个专题。

（1）反贫困政策研究 。关于反贫困政策的研究我国学者基本上统一于一个大的思路，即在分析完现阶段贫困现状及贫困原因等方面的问题后，提出反贫困策略。这个框架被很多学者所接受采用，像朱玲也是在分析地区性贫困以及贫困人口的分布以后提出了 4 种扶贫策略；石爱虎在分析了农村贫困形势情况下，提出了反贫困的相关的体制机制创新思路等。当然大家在反贫困政策的构建中侧重点肯定是有所不同的，像安树伟就侧重从将反贫困纳入法制化以及提高贫困人口的参与能力方面提出了反贫困的对策；段世江、石春玲则将反贫困的策略重点放在培育和增强社会资本，投资和积累人力资本两个方面。

（2）反贫困政策的绩效分析。我国关于反贫困政策的绩效分析主要集中在对中国农村扶贫资金的有效性问题的研究上。对于扶贫资金绩效相关问题的研究，我国始于 20 世纪 80 年代，主要集中在以下两个方面：一方面是关于扶贫资金的配置与效率的研究，这方面我国学者做了大量的研究，成果比较丰富。像帕克等（Park，et al，2002）利用全国县级数据，以收入作为衡量指标，使用增长回归和倾向匹配法两种方法，发现国定贫困县农民人均收入的增长率比非国定贫困县要高，1985—1992 年期间每年高出 2.28%，而 1992—1995 年期间每年高出 0.91%。Jalan 和 Ravallion（1998）利用广东、广西、贵州、云南四省农户面板数据，以消费作为衡量指标，通过消费增长模型发现，国定贫困县相对于非国定贫困县而言，农民人均消费的增长速度较高，扶贫项目成功地防止了项目覆盖地区农民消费水平的下滑，但是没有把国定贫困县农民人均消费的增长速度提高到非国定贫困县的水平之上。张林秀等（2003）使用四川省分县数据发现，相对于非国定贫困县而言，扶贫项目促进了国定贫困县农民人均收入的增长。另一方面是关于扶贫资金瞄准的计量研究，比较有代表性的李小云等对中国财政资金的瞄准与偏离的专项研究。在研究中，研究者以江西、云南、广西及宁夏 4 省（区）8 个扶贫工作重点县的 62 个扶贫重点村的实地调研结果为依据专门对扶贫资金的县级标准和村级标准进行了详细的分析。

2.2.4 生态脆弱地区的贫困问题研究

在 20 世纪初，美国学者 Clements 首先提出了生态交错带概念。1989 年在布达佩斯召开的第七届国际科学联合会环境问题科学委员会（SCOPE）会议上，重新确认了生态过渡带的概念。而我国对脆弱生态环境的研究起步较晚，1996 年提出的“可持续发展纲要”、2003 年提出“科学发展观”并实施的《生态功能区划暂行规程》、2006 年国家“十一五”规划纲要中提出的“国土主体功能区划”等，都对脆弱生态环境的研究工作起到了很大的推动作用。目前我国有关生态脆弱地区的贫困问题研究主要集中在以下几个方面：

（1）生态脆弱地区贫困问题的基础概念研究。安智海等人（2009）认为，生态环境脆弱地区是指生物链简单、易断裂、容易发生生态破坏、系统恢复力和抵抗力较差的地区。一般生态环境脆弱带分布在地表植被覆盖率低、动物物种少的地区，或不同群落的过渡带，或人类影响较大的区域。根据“八五”国家攻关项目“生态环境综合整治和恢复技术研究”成果表明，我国主要的 5 个典型脆弱生态区成因见表 2-3。

表 2-3 我国典型脆弱生态区脆弱性主要成因及分布

类 型	分 布	主要成因
北方半干旱农牧交错脆弱生态区	河北、内蒙古、山西、陕西、宁夏	土地耕垦、过度放牧、樵采
北方干旱绿洲-沙漠过度脆弱生态区	塔克拉玛干沙漠、塔里木盆地、河西走廊	水资源短缺
南方石灰岩山地脆弱生态区	贵州、广西	土层薄、肥力低、水土易流失
西南山地河谷脆弱生态区	云南、四川（云贵高原和横断山区的南部）	流水侵蚀及干旱
藏南山地脆弱生态区	雅鲁藏布江河谷及其主要支流楚河、拉萨、黄河中下游地区	气象灾害频繁

蔡海生等人（2009）认为，生态环境脆弱的地区主要归因于自然因素和人为因素两大类。自然因素包括基质、动能两大因素。人为因素即人类对环境资源的干扰活动和不合理开发利用。同时，指出脆弱生态环境脆弱主要表现为水土流失、荒漠化、地质灾害、灾害

频度、植被退化、环境污染加剧、生物多样性退化等。其特征可归纳为：①环境容量低下，生态承载力下降；②敏感性强，稳定性差；③抵御外界干扰能力差；④自我恢复能力差。

2009年6月，国际环保组织绿色和平与国际扶贫组织乐施会共同发布《气候变化与贫困——中国案例研究》报告，指出95%的中国绝对贫困人口生活在生态环境极度脆弱的地区。生态环境的脆弱性，如水土流失、沙漠化、灾害频繁发生、植被退化以及环境持续恶化。既不利于人们居住，也导致农户无法正常的、稳定的进行生产、生活，致使许多农户都处在贫困线上，甚至也使得部分初步脱贫的农户重新返贫。然而，由于农户需要继续生活，因此，必须获得相应的生产、生活资料，农民必定会加大对自然资源的开发，甚至过度开发，加大了对生态环境的破坏，造成水土流失、自然灾害频繁发生，那么，靠天靠地吃饭的农民收入明显减少，容易造成“越垦越荒、越荒越垦”的局面，形成恶性循环，在今后的扶贫工作造成了更大的阻力，影响当地社会的可持续发展。

（2）生态脆弱地区的反贫困政策研究。对于处在生态环境脆弱地区的贫困农民，要如何解决这个问题，必须从保护生态环境和减少贫困两个角度结合考虑。宏观方面的反贫困政策，首先，要加大财政支持力度。王国敏（2005）认为，国家财政投入和农业保险相结合，建立、健全农业自然灾害的风险保障体系。倪瑛（2007）认为，政府应建立生态移民基金；还应根据不同类型区和不同的移民方式，有针对性地制定和出台移民开发优惠政策，如实行税收减免和信贷优惠政策。银行在贷款上给予移民者无息、低息贷款，延长贷款期限。同时，程宝良等人（2009）进一步指出，政府应该延长和加大延长退耕（牧）还林（草）补助期限和补助力度；构建生态投资和生态科研机制，恢复和保护生态环境。其次，要加强宏观调控。王碧玉（2006）认为，政府应该大力推广生态农业，有计划地进行土地开发、土壤改良，有步骤地进行中低产田的改造；在农业资源保护的基础上，依靠科技进步发展生态农业，同时，要大力开展水利建设和水土保持工作，加速贫困地区农村富余劳动力转移；完善农村社会保障制度和社会救助体系；大力发展“以工代贩”项目，广泛开展扶贫济困活动，加强移民工作。微观方面的反贫困政策。阎淑敏等人（2000）认为，人口过度增加，必然会造成超载过度放牧，过度垦殖，直至毁林种地，导致原本脆弱的生态系进一步失调。因此提出了要控制人口数量，提高人口质量。同时，刘葵（2006）指出，尽早强化教育脱贫思想。大力发展职业技术教育，提高贫困农户增加收入的技能。另外，政府也要大力宣传，在利用自然资源的同时，要注意生态环境的保护。

2.3 关于贫困问题理论研究的简要评述

考察国外相关文献对于贫困问题的研究，主要表现出以下几个特点：第一，对于贫困的定义，已从单纯地关注收入因素转向重视权利和能力的被剥夺、社会排斥以及脆弱性等方面。第二，与概念界定相对应，对于贫困的测量也已从单一的货币指标（如贫困线、穷人的消费与支出等）转向多维度指标。第三，在分析方法上，已从传统的定性描述逐渐转向定量分析以及定量和定性相结合；从静态分析转向比较静态和动态的分析。第四，所涉及的研究领域，已从原先的经济学、社会学扩展到管理学、人口学、哲学、政治学以及生态学等多学科。第五，研究内容方面，也已扩展到了包括家户、社会资本存量、性别差异、儿童的弱势地位、生态脆弱性等。第六，对于家户数据的分析已不仅仅关注其微观层次，更着重从宏观模型和微观家户的连接来考察政策或其他外部冲击对于收入不平等以及贫困（包括城市贫困）的不同影响渠道。虽然国内外学者在贫困问题的若干领域研究已经取得了很大的成就，特别是一些传统领域，但是，由于中国双重转型的特殊背景以及相关研究本身起步较晚，特别是关于生态脆弱地区贫困研究在中国目前仍旧处于起步阶段，所以，无论是研究方法还是研究内容等方面都仍需进一步转变和深化。

2.4 环境与贫困问题研究

2.4.1 环境与贫困的相互关系

研究我国生态脆弱地区贫困的形成问题离不开对环境与贫困之间相互关系的讨论，更进一步研究生态脆弱地区的贫困形成问题则不仅要探讨环境与贫困之间相互影响的程度，而且还要涉及更加广泛的环境及其由此而来的如自然资源的可得性、健康及环境风险等问题。在此，环境应有一个广义的界定，它不仅包括我们通常讲的生态环境，而且还包括自然资源，甚至还有地理位置。这些自然因素对于发展中国家的经济增长与减缓贫困虽说不是决定性的，但是，环境对发展的制约或促进的影响的确重要，它带有某种外部性和基础性的意义。

环境与贫困发生之间关系的表象隐藏着从理论上认识两者之间关系的必要。主要是环境与贫困之间是单向决定作用还是互为依存关系的双向关系问题。那么，环境与贫困之间是什么关系？是环境破坏导致贫困，还是贫困引致环境退化？环境退化与贫困之间是否存在一个恶性循环？关于环境与贫困的早期认识，有研究将贫困看作环境退化的原因。该理论认为，贫困农民没有多少资本和财产，他们有的只不过是劳动力，穷人要生存与维持生计不得不依赖自然资源。通过将劳动力与自然资源配置在一起，生产必需的食物，同时还要向环境索取取暖的燃料，这样，穷人才能够维持基本生存。此外，穷人的人口增长缺乏必要的控制，人口增长过快。为维持新增人口的生计需要，必然新垦土地、饲养家畜、砍割柴薪、滥伐森林、捕鱼狩猎，以及向环境排放废弃物等。于是，贫困造成环境退化甚至恶化。对此，有的研究指责说："当身处贫困的人们被问及什么是他们急需解决的问题时，他们很少会把环境问题或可持续发展放在前面，他们主要关心住房、吃饭、穿衣、子女教育、养老等问题。他们的就业方式（或生产方式）和消费方式都由这些基本需求来决定，很少有长远打算。有些经济活动的环境成本被大众承担或被转移到未来，而贫困人口有时被认为是这种经济活动方式的共谋。"另外一项研究明确提出，贫困和不平等是造成环境退化的趋动因素。特别是在农村地区，加上不恰当的经济和社会政策，贫困迫使人们以非持续的方式，掠夺性地利用土地和森林资源，从而造成土地退化、森林破坏、生物多样性丧失以及缺水。

也有学者对因贫困造成环境退化的行为表示理解并认为环境退化同样导致了贫穷。贫困联盟（PA）的专家克伦（Dainan Killen）和可持续发展政策研究所（SDPI）的学者汉（Shaheen Rafi Khan）（2005）评论说，贫困者几乎无法选择自己的生产行为或消费方式，而自然条件与自然资源的贫乏、自然灾害等外部冲击也是造成贫困的原因。关于贫困与环境的关系，挪威学者斯泰恩·汉森有深刻的见解。汉森认为，贫穷并不必然导致环境退化。他写道：

“由于当局进行调节性干预，或允许个别产业经营者获得垄断权力，因而市场不能令人满意地发挥作用，这可能就是人为的环境恶化的结构性原因。”他分析了与世隔绝的乡村社会的所有权制度，认为那些传统低收入乡村社会的所有权与支配权一直建立在强有力的共有基础上，其规定和习俗发展起来的各种社会机制，始终有效地限制着当地的人口增长，很少有外部世界的人口进入“资源基地”。而随着交通的发展，以及与外部世界的交往，对地方社会的压力增大，许多农村边沿地区环境发生了改变，原本处于有效控制的公共土地变成了可以自由进出的、开放的区域，控制与管理能力的下降导致资源被大规模地开掘、侵蚀乃至耗尽。因此，汉森的结论是，贫困并没有导致环境退化，环境退化的主要原因是商业化和垄断。“商业化使一个持续地、有节制地、有规律地依靠当地自然产品的地方社会的需求，变得疯狂的自由来满足外来的、几乎毫无限制的需求，而外来者对保护当地社会不负有任何责任。这种做法可以耗尽地方社会的资源。”

我们认为，贫困与环境的关系远比人们想象得要复杂，两者之间构成一种恶性循环的交互决定关系。（1）它们之间的恶性循环可能会是：首先，贫困使穷人更易遭受环境恶化的危害；其次，因别无选择，穷人不得以依赖自然资源维持生计而大量消耗自然资源，从而使环境变得更加脆弱。但是，也正因为穷人太需要自然资源，所以他们会倍加珍惜和保护赖以生存的物质基础，以可持续的方式利用自然资源并保护生态环境。（2）它们之间的恶性循环也可能会是：首先，恶劣的环境尤其是贫瘠的土地使地方性社会的社区农村人口因农作物产出水平低下，农民收入微薄而使其陷入贫困；其次，收入低下使他们没有钱维持子女上学、看病，导致社区穷人人力资本投资下降；再次，低下的人力资本使其通过人力流动获得非农产业就业的机会偏少，于是，更加依赖当地社区生存，即增加对社区自然资源和环境的依赖，导致进一步的贫困。所以，贫困与环境之间的关系主要是看两者的起始条件，是偏向环境一边，还是偏向贫困一方。

2.4.2 消除贫困与保护环境的辩证关系

2.4.2.1 贫困地区经济发展与生态环境保护关系的复杂性

经济发展与生态环境保护两者大多情况下很难兼顾，在不同的社会发展阶段，人们对生态效益和经济效益的取舍也是不尽相同的。一般来说，在经济发展水平较低的阶段，人们为了维持生计，不得不牺牲生态效益以换取经济效益，大多数贫困地区，对经济效益的追逐会高于对生态环境的保护。

但是，从长远的利益来看，生态与经济效益之间又是密不可分的，破坏了生态环境，相应地就会阻碍其生产的发展，造成生产力水平下降，从而使经济效益低下；在区域社会经济发展的同时，人们对生态保护的重视程度也会增加，力求在经济稳步上升的过程中也能进一步提高生态效益，两者协调发展，这种生产方式也是当下人们倡导和支持的。总而言之，从理性的角度上看，经济发展与生态环境的保护与优化是必要的，然而如何使二者结合发挥更大的效益，也是人们需要重点关注和解决的问题。

2.4.2.2 经济发展与生态环境的相互关系分析

众所周知，生态环境作为最基本的原材料，它不仅为人类的生产和生活提供了必要的能源，而且使人类活动与自然界的物质和能量之间达到相互循环，这些都是人类社会经济发展的重要前提条件。经济发展和生态环境保护之间是一种紧密的相互影响、相互制约的关系，经济的可持续发展离不开良性的生态环境，生态环境的保护又与经济发展水平息息相关，只有保证生态环境的良好发展，社会经济才可能持续发展。

（1）生态环境对经济发展的影响。生态环境是指影响人类与生物生存和发展的一切外界条件的总和，包括植物、动物、光、水分、大气、土壤等。生态环境对经济发展的影响主要表现在以下几个方面：第一，生态环境制约着经济发展的速度和水平。生态环境是人类赖以生存的前提条件，它不仅为人类生产和生活提供必要的活动空间，而且提供了不可或缺的物质基础。生态环境状况对经济活动水平有着密切联系。一个地区生态环境的恶劣状态会造成当地农业生产的滞后。然而，土地的优劣，环境的好坏在短时间内是很难改变的，因此，即使人们加倍地投入劳动力和其他元素，也很难得到很好的效益。再比如，假设一个地区的空气、水源和土壤在某种程度上都被污染了，那么相应的，就会直接影响其农产品数量和质量，间接地影响到工业产品的质量，尤其是以农产品为原料的轻工业产品的质量，导致经济发展受到制约。此外，生态环境恶化，人们不免会投入更多的劳动力和资金去维护，相应在其他经济活动上的投入相对减少，这就意味着增加了生产成本，降低了经济发展的速度和水平。第二，生态环境制约着经济发展要素的集聚程度。一般情况下，一个国家或地区的经济发展水平会受到各种不同因素的协同作用，例如资金、技术、人才、市场、交通等，当这些因素集聚于某一国家或地区时，其经济发展速度就会较快；反之，当某一国家或地区缺少这些因素时，其经济发展速度就会缓慢。同样地，经济发展较快的国家或地区对于资金、技术、人才、市场和交通等因素的集聚程度往往也较高。影响经济发展要素向某一地区聚集程度的因素很多，其中生态环境就是一个非常重要的因素。生态环境关系的不仅仅是人们生存的条件和生活的质量，而且还影响到经济活动进行的程度和效益。人们通常会选择生态环境良好的地区居住，人口的集中就意味着消费能力的相对汇集，消费水平的提高使这些地区逐步具备良好的经济发展前景，当经济发展到一定水平，就会吸引更多的经济要素集聚，带来更多的机会和空间。相反，生态环境恶化的地区鲜少有人问津，缺乏生产要素集聚的吸引力，制约了当地经济。第三，生态环境的破坏会影响一个国家或地区的经济发展潜力，影响经济的可持续发展。首先，生态环境是经济发展的基础，良好的生态环境是保证产品质量的必要条件；其次，生态环境是人类一切经济活动的原材料，其恶化的后果是生产的原料供应会相应减少，生态环境自身具备调节功能，当生态环境遭到破坏时，这种自我调节功能就会减弱甚至丧失，无法继续向人类供应生态资源。许多自然资源是不可再生的，如非洲的马达加斯加、埃塞俄比亚和象牙海岸等，这些地方在过去都拥有丰富的遗传基因资源，吸引了大量的外商投资，这在非洲国家中是十分少有的。但是，由于这些地区对生态环境保护的不重视，环境日益恶化，许多珍稀濒危物种都相继灭绝，大量的外资也流出了。

（2）经济发展对生态环境的影响。经济发展对生态环境的影响可以分为积极与消极两个方面，从积极的方面看，经济的发展提高人们保护和治理生态环境的能力，能够使生态环境局部得到保护、治理和改善；另外，不合理的经济行为会使周围的自然资源，自然环境等遭到破坏，造成生态环境的总体恶化。第一，遵循生态环境变化规律的经济发展模式能促进生态环境的保护和优化。众所周知，保护和优化生态环境，就不得不付出相应的经济成本，尤其是在生态环境脆弱的地区，生态环境的自我调节能力较差，一旦遭到了破坏，就必须采取一系列的维护措施，不论是在科技上还是物质上，都需要相当大的投入，要想解决问题，还不得不涉及生态学以及生物学的难题。总体来说，对于生态环境的维持与发展，需要投入的人力、财力、物力不可小觑，这就要求经济得发展到一定的水平，才能够有足够的条件去承担这部分成本。虽然经济发展可以促进优化生态环境的步伐，但是，长期存在的“先污染、后治理”的发展模式已经给人们以深刻教训。事实证明，目前不少发达国家和地区都在治理它们先前所破坏生态环境，然而付出的代价是十分巨大的。因此，我们在经济发展的同时，绝不能为了眼前利益而放弃长远的生态效益，要做到两者共同促进。第二，不合理的经济发展会破坏和阻碍生态环境的保护和优化。一切社会经济活动都必须遵循自然界固有的生态规律，不合理的经济活动会对生态系统造成干扰，当这种干扰超过了生态系统的自我调节能力时，整个生态系统就会发生紊乱，生态系统中的物质和能量循环会被中断，生态环境被破坏，从而引发一系列的自然灾害，后果相当严重。生态环境系统的功能失调，主要表现为由于结构组成部分的缺损而使能量在系统内的某一个营养层次上受阻或物质循环的正常途径的中断，从而造成初级生产者的第一生产力下降，能量转化效率降低，无效能增加。也就是说，如果单纯追求暂时的经济利益，而选择掠夺式的技术和经济手段，违背了生态环境运动变化的内在规律，会导致生态环境破坏，甚至出现生态危机。

（3）经济发展与生态环境的库兹涅茨曲线。环境库兹涅茨曲线是 1955 年美国经济学家格鲁斯曼（Grossman）和克鲁格曼（Krugman）在对 66 个国家的不同地区的 14 种空气污染物和水污染物质 12 年来的变动情况进行研究后，利用简化型回归模型首次对人均收入与环境质量之间关系分析所得出的结论。即当一个国家经济发展水平较低的时候，环境污染的程度较轻，但是随着人均收入的增加，环境污染由低趋高，环境恶化程度随经济的增长而加剧；当经济发展达到一定水平后，也就是说，到达某个临界点或称“拐点”以后，随着人均收入的进一步增加，环境污染又由高趋低，其环境污染的程度逐渐减缓，环境质量逐渐得到改善，这种现象被称为环境库兹涅茨曲线。环境库兹涅茨曲线所表现的是环境质量与经济发展水平之间存在规律性联系。根据世界银行统计，美国是在人均 GDP 达到 1.1 万美元的时候出现转折点，而日本是在人均 GDP 8 000 美元的时候出现转折点。实践证明，我国贫困地区经济发展同样遵循环境库兹涅茨曲线，还是处于“先污染、后治理”、“先破坏、后建设”的现状。近年来，随着贫困地区经济的增长，其环境质量处于“局部改善、整体恶化”的状态，仍处于倒 U 形曲线的左侧，尚未达到其转折点，更未处于环境质量从整体上逐渐变优的右侧部分。

如前所述，我国的贫困地区主要分布于生态环境脆弱地带，贫困地区在经济发展过程中一定要高度重视产业选择和选点布局，制定科学合理的政策进行规范，减少经济发展对生态环境的破坏，缩短经济发展与生态环境相矛盾的时期。并在人均收入较低及污染程度较轻的情况下开始环境治理，使环境库兹涅茨曲线中生态环境的临界点降低或提前到来，尽早实现经济与生态环境的协调发展。

2.4.2.3 贫困地区经济发展与生态环境保护的对立与统一

通过分析经济发展与生态环境保护两者之间的相互影响，可以得知，遵循生态系统规律的经济发展活动不仅能带来较高的经济效益，同时也能进一步地保护和优化生态环境。经济发展与生态环境之间是一种相对对立而又统一的关系，正确认识和深入分析二者之间的关系，具有非常重要的意义。

（1）贫困地区经济发展与生态环境保护的对立性。首先，对于贫困地区的人民来说，因为经济发展水平的落后，他们对生态环境保护的重视程度更加深切，对森林，水源以及耕地等基本生活来源都会采取相应的措施进行保护。但是，由于社会经济的发展，人们对脱贫致富越发地热衷，为了追逐利益，破坏生态环境的现象层出不穷，这就体现了贫困地区经济发展与生态环境保护之间的对立性。而贫困地区短期内要想创造效益，往往只能从当地的自然资源下手，所造成的后果就是生态环境遭到严重的破坏。其次，生态环境具有明显的公共物品特性，生态环境作为一种公共物品，它遭到破坏的成本或者改善后得到的效益并不都是个人的，而是由集体承担或分享，有些个人为了追求自己单方面的利益而不惜损害生态环境，以外部不经济的行为方式向外部环境转嫁成本或攫取生态效益以达到个人经济效益的最大化。再次，我国处于市场经济转型阶段，市场经济实质上是一种利益经济，生产者进行生产经营的目的都是利润最大化，如果一种产品能够为其带来更多的利益，则无论这种产品的生产是否会破坏生态环境，生产者都会竞相生产，在目前情况下，只有当生产有利于生态环境保护的产品将获得更高的经济效益时，生产经营者才会进行生产，否则仍然会为了追求更多的经济效益而牺牲了生态环境。最后，在发达地区，由于经济的发展和生活水平的提高，人们对生态环境保护的重要性认识也在不断增强，对于周围产生的各种环境问题人们愿意花费更多的人力、财力和物力去进行治理；而相反的，在贫困地区，由于生产力水平的落后，在经济效益和生态效益面前，人们往往会倾向于经济而忽视了生态，现实中，贫困地区对于修复恶化的生态环境所要付出的成本也难以承担，导致恶性循环，生态环境很难加以保护和优化。

（2）贫困地区经济发展与生态环境保护的统一性。从长远看，经济效益和生态效益是统一的，良好的生态环境是经济发展的基础，生态环境的恶化会阻碍生产的发展。同时，随着经济的发展，人们对生态环境及其生态效益的重视和保护程度会加强，生态环境质量相应提高。首先，生态环境是经济发展的基础。一切经济活动都是在生态环境的基础上建立和发展起来的，生态环境是原材料的供应方，自然资源通过人类生产活动的加工产生新的产品，而剩下的无用的资源又会重新返回环境中。生态系统在源源不断地给人们提供自然资源，然而当其遭到破坏的时候，这种物质和能量的传输就会中断，那么经济活动就会受到影响，一旦经济活动受到影响，例如某一地区的原材料供应不足，那么生产者就会去另一地区进行不断开发，使另一地区的生态环境恶化。只有在保证良好生态环境的同时进行经济发展，才能两者共同发展，互不耽误。其次，经济发展有利于生态环境的保护和优化。一是经济发展到某一水平后，有利于提高人们对生态效益的评价值，支持以牺牲经济效益来换取生态效益的行为，实现生态环境保护和优化；二是经济发展了，就可以提供更多的人力、财力、物力用于保护和改善生态环境，为保护生态环境创造物质条件。最后，良好的生态环境有利于促进经济发展。良好的生态环境不仅可以降低经济活动的成本，在保护生态环境的同时，进行旅游业以及其他生态产业的发展，带动的不只是经济的可持续发展，而且是人们的健康，在良好的环境下生活，人们的身体状况也会变好，有利于引进外资，形成良性循环。一旦生态环境遭到破坏，其恶化程度会通过经济发展情况反映出来，使经济发展受到影响，落后的经济又进一步影响生态环境，两者形成恶性循环。

（3）贫困地区经济发展与生态环境保护整合的可能性与现实性。综上所述，贫困地区的经济发展与生态环境之间是相互影响的对立统一关系。从长远和理性的角度来看，经济发展同生态环境保护完全有整合的可能性和必要性。但是，在当前我国经济发展水平不高的前提下，实行贫困地区的经济发展与生态环境保护的整合是一件相对困难的事情。在这里，我们必须认识到一个关键问题，即社会经济发展的不同阶段，人们对生态效益与经济效益的评价值是不同的。一般情况下，在经济发展水平较低的阶段，人们对生态效益的评价值就略低，对经济效益的评价值略高，这就造成人们会为了追逐经济效益而牺牲相应的生态效益。其实，人们对于生态环境保护的重要性是深知的，为了经济利益而放弃生态效益有时也是无奈之举，尤其是处于刚刚脱贫致富道路上的地区。如浙江省丽水市的各县近年来香菇生产迅速发展，每年消耗的资源量超过 100 万 m^3，其发展规模速度大大超过了阔叶林的承载力，是阔叶林的蓄积量急剧下降。据丽水市的资料统计显示，20 世纪 90 年代的阔叶林蓄积量下降达 31.2%，其中成熟林蓄积量下降 52.3%。由于森林蓄积量的减少，使林地涵养水源、保持水土、调节径流、减少洪涝灾害的功能大大削弱。全市 34.17%的土壤面积遭受强度侵蚀。台风、暴雨、洪涝、山体滑坡、“四位一体”的自然灾害的出现率为 2 年一次。全市已有 20%左右的动植物遭到威胁，华南虎、金钱豹、百山祖冷杉等许多珍稀动植物濒临绝迹。因此，在贫困地区的脱贫致富过程中，我们不能一味地强调生态效益与经济效益之间的统一性，不能简单地认为生态效益的提高必然伴随经济效益的提高，经济效益的提高则一定有利于生态环境的保护，而是更多地把目光放在二者之间的对立性上面，要看到经济发展的同时给予生态环境的压力，以及强调生态环境保护而放弃的经济效益。生态环境的保护制约因素有很多，而贫困只是其中最主要的因素之一。事实证明，发展才是解决生态环境问题的关键，要想解决贫困地区经济发展与生态效益两者之间的矛盾，唯一的出路就是针对贫困地区的实际情况，建立一种新的、比原有的传统生存方式更为稳定、有利可图的生态生产方式，在实现经济发展的同时保护和优化生态环境。

2.4.3 环境与贫困的相互联系

贫困和环境问题，不论是在中国的农村地区还是在中国的城市地区，都相互交织在一起，使中国在实施减贫政策中不可避免地触及环境问题，而在治理环境时又不得不触及贫困问题。因此，中国乃至世界各国想实现可持续地发展都必须正确认识环境与贫困之间的内在联系，依据客观地事实采取切实可行的措施。

2.4.3.1 环境政策对贫困的影响

（1）自然保护区制度对贫困的影响。中央政府以及各地政府为各地区的自然保护区的建设和维持投入不少资金，投入即会有产出。而自然保护区的产出是多重的。作为自然保护区的管理人员，想要充分利用保护区的产出来获取收益进而发展经济就应该从保护区的产出物着手。自然保护区提供的“产品”很多，其中也包括服务。各种旅游休憩场所，食物，基因材料物质，生物多样性，涵养水源，气候调节等，这其中有属于私人产品也有属于公共产品的。公共物品的投资由政府等公共部分承担，私人物品的投资比如自然保护区的旅游产业由私人或私人组织承担，而由这些投资带来的收益就归这些人所有。这其中创造的财富不仅仅是旅游、林区生长物，还包括雇用工人管理保护区、由旅游带动的周边的餐饮住宿等行业的发展。由此看来，合理的自然保护区制度有助于脱贫。

（2）退耕还林工程对贫困的影响。退耕还林是中国林业建设历史上涉及面最广、政策性最强、群众参与程度最高，同时操作难度最大的生态工程建设，是中国政府从可持续发展的战略高度实施的一项宏伟的生态建设工程，它对改善生态环境，促进和保障经济发展具有十分重大的意义。实践经验表明。退耕还林还促进了西部地区农业结构调整。退耕还林工程使得农村大量劳动力从粮食生产中解放出来，从事种植业、养殖业、设施农业、农村工商业和劳务经济，加快了产业结构调整步伐，加上退耕还林政策补助，广大退耕农户得到实惠，基本生活有了保障，剩余劳动力从事多种经营或者外出务工，拓宽了增收渠道，收入稳步增长。在这项工程建设中，农户参与退耕还林的意愿是退耕还林政策可持续性的关键因素，而影响农户参与的意愿也很简单，就是看退耕还林制度是否增加了农户的实际收入，是否切实为农村的经济发展带来了动力。然而，退耕还林制度既然是一项生态工程建设，制度诱发点是生态，是一项公共物品，作为教育水平不高的农户，没有人愿意为这个公共物品埋单，即由中央政府设计并提出激励约束机制，委托和激励农户来实现其生态目标，农户需在自己的经济目标和社会的生态目标中进行选择协调。因此只有财政持续支持退耕农户，创新农村教育体制，建立和完善农村市场体系，农户的收入结构才能达到优化，农民收入才能可持续增长，农村的经济才能得到发展。

（3）生态补偿制度对贫困的影响。从经济学角度看，环境问题实质上是一个经济问题，生态补偿机制弥补的是外部不经济，是以协调整体利益为目的，即个人利益与社会利益的统一，人类利益与生态利益相协调。在世界上很多国家，政府将生态补偿制度作为协调区域、流域之间以及不同人群之间经济发展权利和环境保护责任平衡关系的重要手段。在中国，很多地区的生态补偿涉及贫困地区人民的生活和经济发展问题，需要补偿的地区往往是山区、农村和欠发达地区，这些地区往往也是环境限制开发和禁止开发地区，需要补偿的对象也是这些地区生活的居民。与较发达地区居民对居住环境的高要求不同，这些地区首要的是发展本地区的经济，只有解决好了生存问题才会考虑环境需求。因此，改善当地居民的生活状况对于调动这些地区居民进行生态建设的积极性尤为重要。中国在对这些地区的补偿时往往是以生态保护项目和工程的形式进行，比如退耕还林还草工程、林业生态建设工程、生态公益林补偿金等，在项目工程期内，补偿金一般能按时足额发放，但在几年的补偿期结束之后，补偿地区的居民又会重新“靠山吃山，靠水吃水”，继续对环境产生不良的影响。例如，在中国西南的部分贫困山区，“退耕还林”的农民担心八年补偿期满之后，失去林地生活来源没有着落，有的农民不愿意变更土地使用权证。因此，在实施贫困地区的生态补偿项目时应该鼓励贫困居民参与生态补偿项目的实施，不仅能使环境信息经过充分讨论而变得明晰，而且地方上各种力量的相互博弈也能使政府把补偿资金合理的配置到生态保护者和受损者手中。随着生态环境问题的日益严峻，人们越来越关心生态补偿机制在解决地区贫困，尤其是生态敏感地区消除贫困努力中的作用。

2.4.3.2 扶贫政策对环境的影响

扶贫政策不仅仅限于扶贫救济，还应该注重可持续的发展致富，而不是着眼于眼前，要考虑与环境的和谐发展。中国实施的各项扶贫政策使得我国农村贫困人口减少速度逐步加快，贫困地区农民收入明显增加，基础设施和社会服务继续改善，整体经济水平有所提高。也正是因为整体的经济水平提高了，也就有能力加强水利、交通、能源、通信等基础设施建设，重视科技、教育、卫生、文化事业发展，改善社区环境，提高生活质量，人与自然和谐相处。广西省红岩新村是我国生态扶贫的典范，自20世纪90年代以来，其县委县政府就果断地采取了“养殖—沼气—种果”这种三位一体的生态农业政策，随着逐步完善成为养殖、沼气、种植、加工、旅游等一系列生态农业模式，实现了资源的最大化利用，使当地人们的生活越过越好。但是，不是所有的扶贫政策都对自然生态环境起积极的作用，规划不当的扶贫政策也同样会破坏生态环境。例如，根据蔡葵等人在云南会泽县的调研中发现，村级扶贫规划中引进许多高产和高经济回报的农作物，其中大多数都需要显著增加农药化肥的使用量，对环境造成污染，畜禽养殖是贫困地区广泛采用的经济发展项目的重要组成部分之一。在云南澜沧县，随着畜禽养殖数量的急剧增长，畜禽养殖废弃物对地下水的污染越来越严重。有些扶贫政策对于环境保护过于片面理解，认为凡是植树造林，就是对环境的保护，于是政府发动人们积极造林，甚至是在田里或者是在原本造林密度就大的地区，这样不仅影响了人们的农业生产，而且还对植树成林起到抑制作用。云南的澜沧县，为了给一个大型造纸厂提供原料而大规模种植桉树，这样虽然为当地财政带来增收，但原本多样的种植区，却被大量的桉树取代，无形中破坏了当地的生态系统平衡。我国的《环境影响评价法》要求，任何建设项目都要进行环境影响评价，没有进行环境影响评价的建设规划项目有可能导致忽视由此带来的一些潜在的不利环境影响。但是不少村级、乡镇规划在实施过程中有可能因为资金或者其他原因未能对环境进行影响评价，这就对日后的环境产生了潜在威胁。总之，对于即将采取的各种扶贫规划，都必须明确一个关键问题，那就是在建设的同时不能忘了生态环境保护，这就要求规划当中的大多数发展项目都应当是有利于生态环境的。

2.4.4 生态功能区划与财政转移支付

2.4.4.1 生态功能区化与区域贫困

全国生态功能区划是在全国生态调查的基础上，分析区域生态特征、生态系统服务功能与生态敏感性空间分异规律，确定不同地域单元的主导生态功能。通过了解全国生态功能区划，明确鄱阳湖生态经济区在全国以及江西省功能区中的地位，对本研究有很重要的意义。

2007 年 7 月，国务院发布《关于编制全国主体功能区规划的意见》（国发[2007]21 号）明确要求将国土空间划分为优化开发、重点开发、限制开发和禁止开发四类，确定主体功能定位，明确开发方向，控制开发强度，规范开发秩序，完善开发政策，逐步形成人口、经济、资源环境相协调的空间开发格局。《中华人民共和国国民经济和社会发展第十一个五年规划纲要》中对四类主体功能区的社会经济发展定位作出了明确规定（表 2-4）。

2008 年 7 月，由环境保护部和中国科学院共同编制完成并发布了《全国生态功能区划》，生态功能保护区分为国家级、省级和地（市）级。全国共有包括 50 个重要生态服务功能区域；其中江西省有鄱阳湖、东江源两个国家级生态功能保护区建设试点，赣江（章江）源、赣江（贡江）源、仙女湖三个省级生态功能保护区建设试点。

实施主体功能区保护战略必将对区域内社会经济发展带来巨大影响，将在很大程度上改变各地财政收入和支出规模。例如，在限制开发区和禁止开发区以生态环境保护为主要任务，自然资源开发利用、工业发展以及为保证开发等经济活动将受到严重制约，不同区域之间公共服务水平非均等化趋势将进一步加剧。为了实现区域间公共服务水平的均等化，就需要国家加大对限制和禁止开发区域的生态性转移支付和优惠政策支持力度，以调节地区间财力差距。从这个意义上讲，地区间公共服务均等化目标与生态公共财政的目标实际上是一致的，而基于主体生态功能区域的以一般性转移支付为主要组成的生态补偿机制最终需要适应主体功能区的建设要求。

表 2-4　四类不同的主体功能区及其经济发展定位

区域类别	国土资源特点	发展方向	评价重点
优化开发区域	国土资源开发密度较高、资源环境承载能力开始减弱	把提高增长质量和效益放在首位，提升参与全球分工与竞争的层次，成为全国经济社会发展的龙头和我国参与经济全球化的主体区域	经济结构、资源消耗、自主创新等的评价，弱化经济增长
重点开发区域	资源环境承载能力较强、经济和人口集聚条件较好	充实基础设施，改善投资创业环境，促进产业集群发展，壮大经济规模，加快工业化和城镇化，承接优化开发区域的产业转移，承接限制开发区和禁止开发区的人口转移，逐步成为支撑全国经济发展和人口集聚的重要载体	综合评价经济增长、质量效益、工业化和城镇化水平等
限制开发区域	资源环境承载能力较弱、大规模集聚经济和人口条件不够好，关系到全国或较大区域范围生态安全	保护优先、适度开发、点状发展，发展特色产业，加强生态修复和环境保护，引导超载人口有序转移，最终成为全国或区域性的重要生态功能区	生态环境保护
禁止开发区域	各类自然保护区域	强制保护，严禁不符合主体功能定位的开发活动	生态环境保护

注：表中内容引自《中华人民共和国国民经济和社会发展第十一个五年规划纲要》，人民出版社，2006 年。

2.4.4.2 基于功能区划的财政转移支付

在区域间，受益主体与生态建设主体显然都是确定的。在这种背景下，建立区际生态补偿制度，必将起到平衡区域差距，促进区域关系的和谐与发展，最终实现社会公平和共同富裕。从经济发展的角度看，生态建设地区在实施生态改善和环境治理的过程中，其他受益区域给予这些地区适当的经济补偿，将为生态建设地区培育新的经济增长点和为产业结构调整提供物质积累和能力支持，形成并保持生态建设地区的发展动力。从财政转移支付的角度分析，国家是生态补偿的唯一主体。在国家财力对生态建设地区投入有限的情况下，适当地划分国家和受益地方的补偿责任，建立生态补偿的横向转移支付，既可以为生态建设地区的生态改善和经济发展提供更为强大的补偿能力，又能弥补中央财政对生态建设地区纵向转移支付的不足，减轻甚至消解中央政府的财政负担。为此，构建区域生态效益的经济补偿机制，是一种社会分工和利益互补机制，对保障补偿活动有条不紊地开展具有重大意义。

第3章
鄱阳湖滨湖区环境保护与贫困现状分析

内容提要：研究前期工作重点以收集资料、数据整理测算以及实地走访调查为主。项目顺利地收集到了需要的鄱阳湖生态经济区25个滨湖县（市、区）的总体社会经济发展状况数据、生态环境状况数据，特别是25个滨湖县（市、区）的贫困状况数据。在数据分析的基础上，进一步运用数据的整合及汇总开展鄱阳湖生态经济区25个滨湖县（市、区）的贫困现状及原因分析。（1）鄱阳湖生态经济区的基本情况的具体分析。包括鄱阳湖生态经济区的区域特征、生态环境特征以及社会经济总体情况的分析，并得出结论鄱阳湖生态经济区不仅具备了得天独厚的自然优势，同时也具备了经济发展的另一重要条件及产业发展优势。（2）鄱阳湖贫困现状的调查分析。包括鄱阳湖生态经济区的贫困标准与贫困规模分析、贫困人口分布分析。并对鄱阳湖生态经济区的贫困类型进行了系统分析，得到了农村贫困类型呈现多元化特征的结论，即滨湖区农村贫困人口面临经济贫困、环境贫困和文化贫困，三者相互交织，增加了农村贫困问题的复杂性。（3）鄱阳湖贫困原因调查分析。通过对鄱阳湖地区实地走访调查，总结出三大致贫因素：经济因素、环境因素和社会因素。三大因素相互影响，互为因果，增加了农村贫困问题的复杂性，构建了理论模型。（4）按照山区、湖区和水库（移民）区三大类型，在鄱阳湖生态经济区规划范围内的25个县（市、区）中各选择1个县，即山区县为武宁县，湖区县为国家级贫困县余干县，水库（移民）区县为永修县。在收集这三个县的基础数据的同时进行实地走访调查，将其作为典型案例。

3.1 鄱阳湖生态经济区基本情况分析

3.1.1 自然地理位置

鄱阳湖位于江西省北部，长江中下游南岸，是我国最大的淡水湖泊，属过水性、吞吐性、季节性湖泊。湖泊南起三阳、北至湖口、西达吴城、东抵鄱阳，是长江最大的通江湖泊，承担着长江洪水调蓄任务，对长江中下游防洪发挥着重要作用。鄱阳湖以松门山为界，分为南北两部分，北面为入江水道，南面为主湖体，主湖体与赣江、抚河、信江、饶河、修水五大河流尾闾相接，其水系由这五大河流组成，流域总面积16.22万km^2，在江西境内面积为15.71万km^2，占江西省国土面积的94.1%左右。湖区地势低平，四周山丘环绕，地貌形态多样；由边及里，由高及低，构成环形、层状地貌；赣、抚、信、饶、修五河入湖冲击平原，形成起伏较小的湖盆地。

鄱阳湖生态经济区规划范围围包括南昌、景德镇、鹰潭 3 市，以及九江、新余、抚州、宜春、上饶、吉安的部分县（市、区），共 38 个县（市、区）（图 3-1），土地面积 53 190 km^2，占全省总面积的 31.86%。

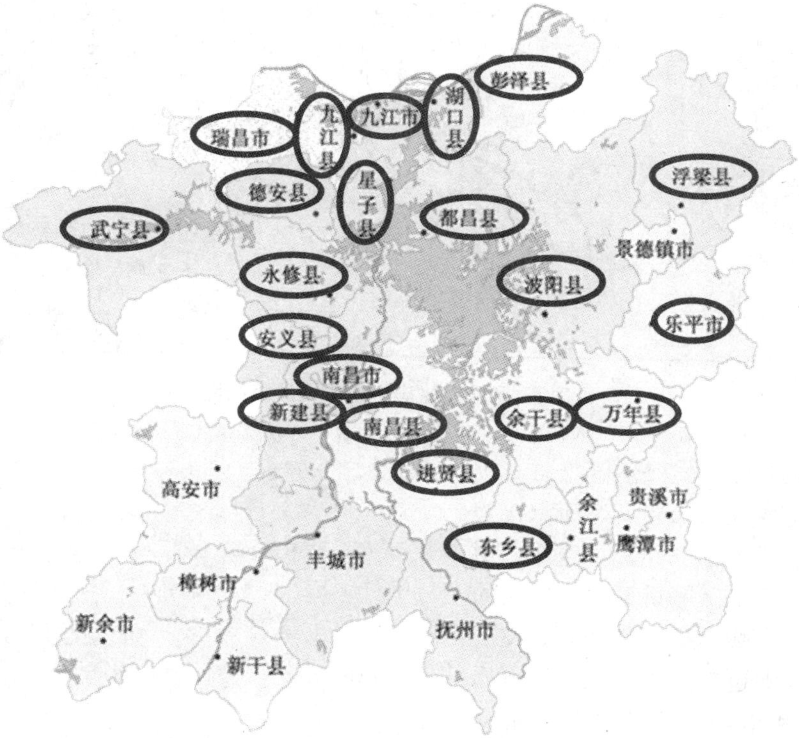

图 3-1　项目研究样本县（市）分布示意图

本项目研究范围在鄱阳湖规划区内的 38 个县（市、区）的基础上，选择了濒临鄱阳湖的 25 个滨湖县（市、区）。从图 3-1 江西省的地图可以看出，画圈区域就是鄱阳湖生态经济区的范围，而我们选取的 25 个县市（画圈县市）则主要是沿着鄱阳湖周围进行选取。包括鄱阳湖的干流和支流及沿湖选取了县（市、区）进行研究。

3.1.2 经济地理位置

鄱阳湖生态经济区是以环鄱阳湖城市群为依托的经济区域，必须从全国城市区域经济格局演化大势中来加以把握和认识。鄱阳湖地区位于沿长江经济带和沿京九经济带的交会点，是连接南北方、沟通东西部的重要枢纽；昌九、九景、景鹰、昌厦高速公路纵横交错，湖区交通网不断完善；水路运输条件得天独厚，江西六大港口中的三大港口：南昌港、九江港、鄱阳港都在湖区（图 3-2）。

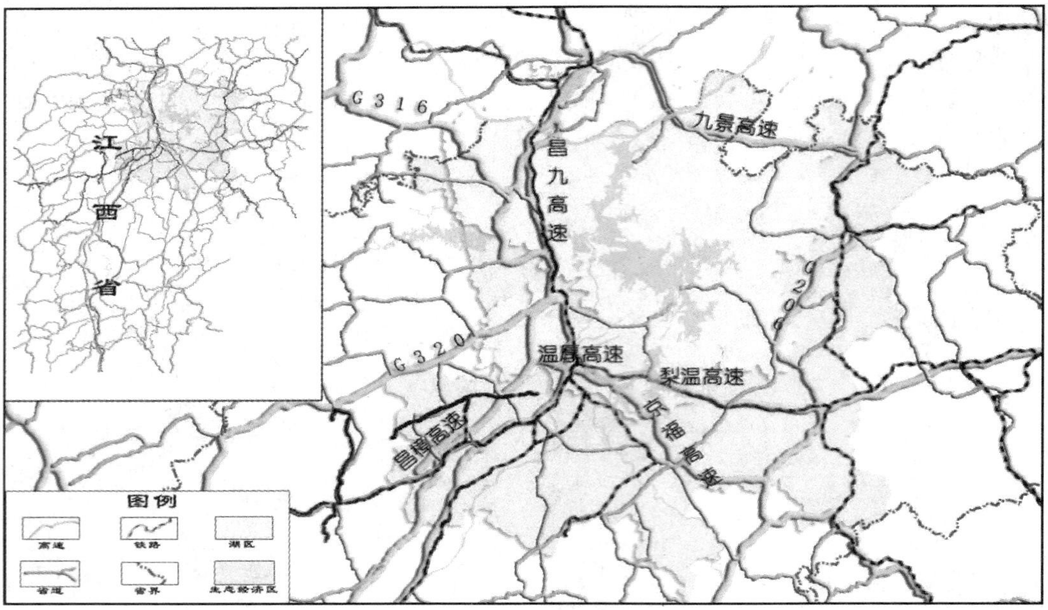

图 3-2 鄱阳湖生态经济区交通枢纽图

同时，鄱阳湖生态经济区上接武汉城市圈，下连皖江城市带，进而承接长三角的辐射，是长江三角洲、珠江三角洲、海峡西岸经济区等重要经济板块的直接腹地；该区域基础条件较好、发展潜力较大，为促进鄱阳湖生态经济区农业生产要素和市场要素流动提供了良好的条件。是中部地区正在加速形成的增长极之一，在我国区域发展格局中具有重要地位（图 3-3）。

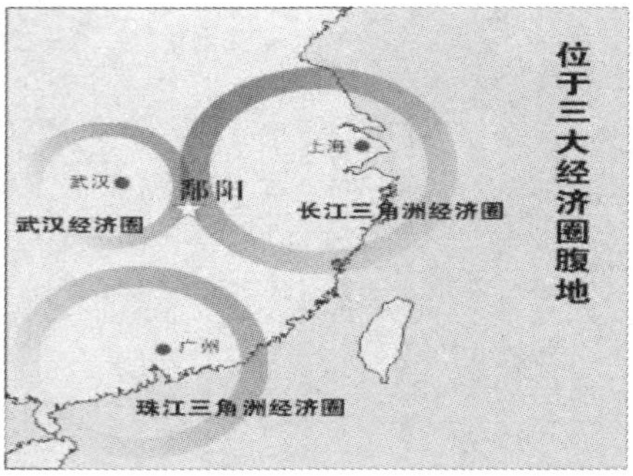

图 3-3 鄱阳湖生态经济区经济地理位置

3.2 鄱阳湖生态经济区生态环境特征

3.2.1 自然资源特征

（1）水资源十分充足。鄱阳湖天然容量达 300 亿 m^3 以上，调蓄长江中上游和江西五大河流的来水来沙，洪水调蓄库容达 250 亿～300 亿 m^3，相当或接近长江三峡工程的洪水调蓄库容。鄱阳湖入湖水量主要由“五河”水系组成，多年平均入湖水量 1 297 亿 m^3，占出湖水量（入长江水量）1 494 亿 m^3 的 86.8%，超过黄、淮、海三河入海水量总和。

（2）土地资源占全省比重大。鄱阳湖生态经济区土地面积 45 228 km^2，占全省土地面积的 27.1%。土地利用类型主要为耕地、林地、水面等，其中：耕地 848 416 hm^2，占全省土地面积的 39.9%；农作物播种面积 2 935.5 万亩，占全省土地面积的 37.1%。另外湿地是地球上水陆相互作用形成的一种独特生态系统。鄱阳湖湿地包括鄱阳湖水域、洲滩、岛屿等，面积达 3 841 km^2，占鄱阳湖总面积的 80%。

（3）生物资源品种繁多。鄱阳湖区内植物分布面积达 2 262 km^2，有高等植物 5 000 余种，鱼类 139 种，占我国淡水鱼类种数的 16.39%，占长江水系鱼类种数的 36.76%，占江西鱼类种数的 82%。国家重点保护野生动物百余种，其中：国家一级保护动物种类有 20 多种，二级保护动物有 68 种。据统计鄱阳湖区记录，鸟类有 310 种，占全国鸟类种数的 25.41%，区内有世界最大的越冬白鹤群，集聚最多时总数达 2 600 多只，占世界白鹤总数的 95%。

（4）生态旅游资源丰富。鄱阳湖生态经济区具有十分独特而丰富的生态旅游资源，以其拥有的湿地生态、候鸟资源而举世闻名。其资源具有品位高、组合全、类型多样的特点（表 3-1）。

表 3-1　鄱阳湖生态经济区省级以上主要生态旅游资源

级别	种类	生态旅游资源
世界级	A 地文景观	庐山世界文化遗产、庐山世界地质公园、龙虎山世界地质公园
	B 水域风光	“国际重要湿地”鄱阳湖，列入“世界生物圈保护网”、“东西亚鹤类保护网络”、“全球重要生态区”、“世界生命湖泊网”等生态保护重要组织的鄱阳湖
国家级	A 地文景观	石钟山、梅岭
	C 生物景观	鄱阳湖湖口森林公园、鄱阳湖候鸟保护区、庐山山南森林公园、马祖山森林公园、天花井森林公园
	F 建筑与设施	居山真如寺、九江能仁寺、庐山观音桥、白鹿洞书院、东林寺、庐山别墅建筑群、滕王阁
省级	A 地文景观	柘林湖百岛、云居山、梦山
	B 水域风光	柘林湖、青岚湖、仙女湖
	C 生物景观	南矶山、象山、天花宫森林公园、鄱阳湖白鳍豚、江豚卵场、康山自然保护区
	F 建筑与设施	恭乾禅师塔、赐经亭、西林寺塔、大圣塔、锁江楼、仙人洞摩岩石刻、御碑亭、美孚洋行旧址、烟水亭、九十九盘石刻、天池寺附近石刻、松门别墅、同文书院旧址、庐山中四路 286 号别墅、岳飞母亲姚太夫人墓、岳飞妻李夫人墓、陶渊明墓、陶靖节祠、秀峰石刻、玉涧桥、醉石馆石刻、南康府谯楼、一见心寒墓、真如寺及僧塔、石钟山石刻、佑民寺、绳金塔、洪崖石刻、黄秋园居室、西山万寿宫、梦山石室、朱权墓、新庵里摩崖石刻、铁河古墓群、蜚英塔、三国东吴墓、昼锦坊和理学名贤坊、钟陵节凛冰霜坊、珠子塔、观音堂塔、莲山汉墓

3.2.2 湖区生态环境分析

鄱阳湖区域的生态环境得天独厚，不仅是亚洲最大的淡水湿地和世界珍稀水禽越冬的主要栖息地之一，也是我国目前最大、水质最好的淡水湖，在中国被称为“大陆之肾”，列入世界湿地保护名录。但是近年来由于围湖垦殖，湖区生态环境遭到了很大的破坏。主要表现以下几个方面。

（1）森林覆盖率平均水平较低。从表 3-2 数据可以看出，鄱阳湖生态经济区 25 个县（市、区）森林覆盖率平均为 34.96%，低于全国平均水平 60.05%近 26 个百分点。同时和 1999 年的森林覆盖率相比，除了上饶市的三个县即鄱阳县、余干县、万年县的覆盖率有比较大幅度的提高外，特别是万年县上升了 9.3 个百分点，其余县（市、区）的森林覆盖率在一定程度上反而有所下降或者保持原有水平变化不大，其中乐平市的森林覆盖率竟然下降了 10.2 个百分点之多。可见鄱阳湖生态经济区的森林生态环境情况并不乐观。

表 3-2 各样本县（市、区）森林覆盖率

地区	2004 年森林覆盖率/%	比 1999 年增减百分点/%
东湖区	—	—
西湖区	—	—
青云谱区	—	—
湾里区	72.3	1
青山湖区	2.6	0.6
安义县	37.4	－0.9
南昌县	3.3	－0.4
新建县	13.4	－2.1
进贤县	17.6	－1.2
庐山区	35	1.8
浔阳区	7.9	－4.6
瑞昌市	53.6	－0.4
九江县	22.8	－1.7
德安县	52.8	－2.1
星子县	29.9	－1.1
永修县	33.6	－0.9
湖口县	20.5	1.8
都昌县	27.2	－0.7
武宁县	64.1	0.5
彭泽县	45.5	2.2
鄱阳县	35.1	3
余干县	23.8	6.4
万年县	59.4	9.3
乐平市	31.4	－10.2
浮梁县	77.7	3.2
东乡县	37	－4.1

资料来源：历年《中国林业统计年鉴》。

（2）围湖垦殖造成湖泊水域面积减少。围垦使鄱阳湖水域面积逐年缩小，据统计，1954—1995 年间，围垦使鄱阳湖水域面积缩小了 1 300 km^2，容积减少 80 亿 m^3，沿岸线也减少了 800 多 km。尤其是干旱严重的 2007 年。湖区的泥沙淤积加重，多年平均入泥沙量达 2 419.8 万 t/a，不但水位降低到历史上最低的 1963 年的 5 m，而且湖水面积骤然缩小到不足 50 km^2，几乎不到丰水面积的 1%，鄱阳湖变成“鄱阳潭”，湖区湿地生态资源退化，使生物多样性受到严重威胁。

（3）水污染日趋严重。鄱阳湖，主要承纳赣江、抚河、信江、饶河、修水五大水系，而五大河流的流域近 16.22 万 km^2，占江西国土面积的 97%。因此全省之污几乎全部排入了鄱阳湖。2006 年鄱阳湖区水体各污染物指标的年纳污量如表 3-3 所示：生化需氮量（COD）为 771 857.6 t/a、生物需氧量（BOD）为 104 267.3 t/a、总氮（TN）为 372 713.6 t/a、总磷为 183 489.8 t/a。其中 COD 和 BOD 现纳污量小于Ⅲ类水质控制纳污量，TN 的现纳污量介于Ⅲ类水质与Ⅳ 类水质控制纳污量之间，TP 的现纳污量大于Ⅳ类水质控制纳污量。这表明鄱阳湖全年的水质为劣Ⅲ类水，水体中的氮、磷等营养盐富集。到 2008 年，结合各个站点水质状况研究，鄱阳湖水质下降为Ⅳ类水（表 3-4），水质更进一步恶化，污染日趋严重。

表 3-3　2006 年鄱阳湖水环境容量　　单位：t/a

污染物	COD	BOD	TN	TP
现状纳污量	771 857.6	104 267.3	372 713.6	183 489.8
Ⅲ类水控制纳污量	1 399 561	279 912.1	286 702.8	14 335.14
Ⅳ类水控制纳污量	2 099 341	419 868.2	430 054.2	28 670.28

表 3-4　2008 年鄱阳湖湖区水质水量状况

站点编号	站名	水质状况		
		水质类别	主要污染物	水质状况
1	鄱阳	Ⅴ	总磷	重度污染
2	龙口	Ⅳ	总磷	轻度污染
3	康山	Ⅴ	总磷	重度污染
4	赣江南支	Ⅲ		较好
5	抚河口	Ⅲ		较好
7	信江西支	劣Ⅴ	总磷	重度污染
8	棠荫	Ⅳ	总磷	轻度污染
9	都昌	Ⅲ		较好
10	渚溪口	Ⅳ	总磷	轻度污染
11	蚌湖	Ⅳ	总磷、挥发性酚	轻度污染
12	赣江主支	Ⅳ	总磷	轻度污染
13	修河口	Ⅲ		较好
14	星子	Ⅳ	总磷	轻度污染
15	湖口断面	Ⅲ		较好
16	新妙湖	Ⅴ	挥发性酚	重度污染

数据来源：《鄱阳湖水质水量动态监测通报》，2008 年第 12 期。

（4）化肥、农药使用量大、利用率低造成农业面源化污染严重。根据表中数据显示，近年来湖区内化肥和农药的使用量呈逐年递增的趋势。截至 2008 年化肥和农药的使用量分别达到 389 802 t 和 27 420 t，分别比 2004 年增长了 9.4%和 64.1%（表 3-5）。单位面积化肥使用量的国际标准是每公顷 22.5 kg，而湖区内化肥使用量每公顷高达 774 kg，比国际标准高 33 倍多。

表 3-5 湖区农业生产化肥以及农药使用量

年份	化肥使用量/t	农药使用量/t	有效灌溉面积/hm^2
2004	356 345	16 707	482 703
2005	386 858	20 063	477 525
2006	384 061	20 173	495 650
2007	377 829	22 834	495 240
2008	389 802	27 420	498 150

数据来源：《江西省统计年鉴》(2005—2009 年)。

据有关资料显示，湖区内氮肥的利用率一般为 30%，磷肥 25%，钾肥 60%左右，可见化肥的使用量不但大而且利用率也不高，再加上农药的大量使用，容易使土壤酸化、危害土壤中的无脊动物、降低土壤肥力、引起农田水体富营养化，同时也对大气环境造成一定的影响。

（5）水土流失严重。水土流污染会导致对农田侵蚀加剧。农业耕种带来的扰动活动实际上会增加农田的侵蚀。90%以上的营养物质流失与土壤流失有关。由于雨污分流技术水平低，水土流失带来的泥沙本身就是污染物，而泥沙是有机物、金属、磷酸盐等污染物的主要携带者。流失的土壤带走了大量的氮、磷等营养物质，导致农田养分丧失，被严重侵蚀。据有关统计资料并结合实地调查，鄱阳湖滨湖地区现有水土流失面积约达 35.0 万 hm^2。其中轻度有 11.39 万 hm^2，中度有 19.09 万 hm^2，强度有 3.86 万 hm^2，极强度以上有 0.69 hm^2。鄱阳湖滨湖地区水土流失的时间变化趋势与江西全省的水土流失趋势一致，水土流失面积从 20 世纪 50 年代至 80 年代末呈逐年增加的趋势，80 年代末至 90 年代呈逐年减少的趋势，鄱阳湖水体的发展不容乐观。

（6）洪涝灾害呈加重趋势。鄱阳湖区洪涝灾害发生越来越频繁，呈逐渐加重的趋势。鄱阳湖历来洪涝灾害频繁，近年来，洪灾发生频率有增加的趋势。新中国成立以来，湖区大小洪涝灾害几乎年年不断，其中受灾严重的年份有 1954 年、1962 年、1969 年、1973 年、1977 年、1983 年、1988 年、1989 年、1992 年、1993 年、1995 年、1996 年、1998 年、1999 年。观察这些年份，不难发现，20 世纪 90 年代之前，大约是每 10 年发生 2 次重灾，而进入 90 年代共出现 6 个重灾年，其中 1998 年夏季发生的是特大洪水，出现有史以来最高洪水位，造成直接经济损失约 230 亿元。

3.3 鄱阳湖生态经济区社会经济特征

3.3.1 区域人口特征分析

鄱阳湖生态经济区的 25 个滨湖县（市、区）以江西省国土面积的 20%，承载了全省 30%的人口。截至 2008 年底，鄱阳湖区土地面积 35 489 km^2，占全省总面积的 21.26%，人口为 1 345.73 万人，占全省人口的 30.58%；平均人口密度约为 392 人 / km^2 ，是全省平均人口密度（264 人 / km^2 ）的 1.48 倍。全区人口密度大，区内分布不均。分区域来看，人口主要集中于南昌和九江这两个区域，据统计，2008 年底南昌市和九江市人口分别为 497.49 万和 405.44 万，分别占整个鄱阳湖区人口总数的 36.97%和 30.13%，占了全区人口的近 70%；具体到县市来看，人口主要集中在几个市区，包括南昌市区、九江市区、景德镇市区以及鹰潭市区（图 3-4 ）。

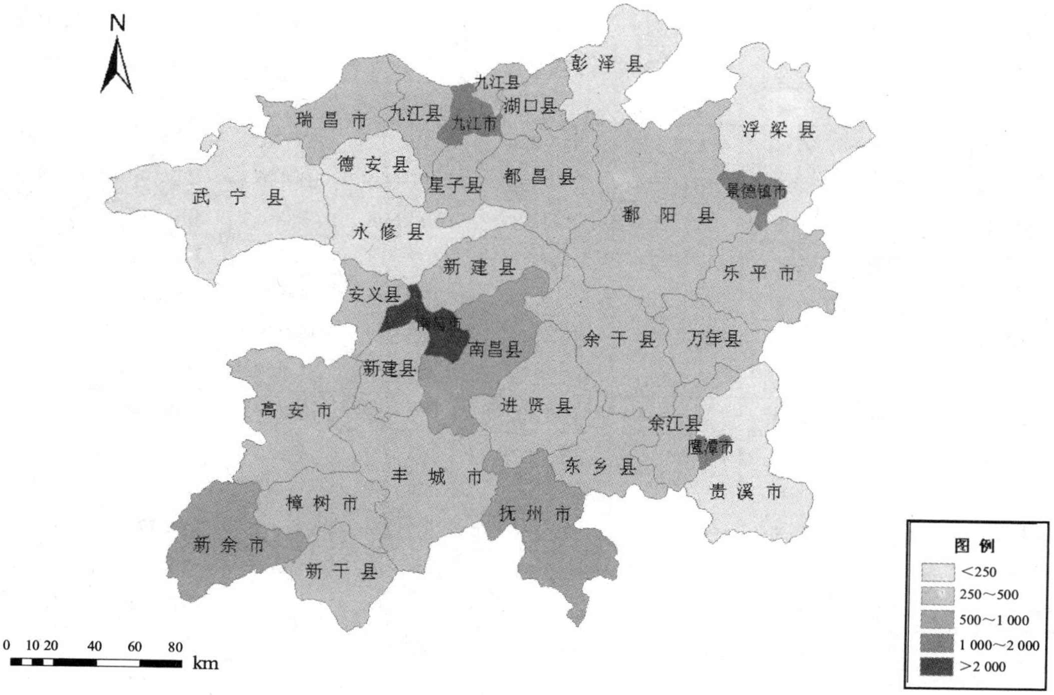

图 3-4　鄱阳湖生态经济区人口密度

3.3.2 全区社会经济发展总体概况

2008 年，鄱阳湖地区生产总值为 26 436 213 万元，占全省 64 803 300 万元总量的 40.79%，人均生产总值为 19 644.51 元，是全省人均 14 727.69 元的 1.33 倍，也是全省率先进入人均 1 000 美元的区域。城镇固定资产投资完成额为 1 550.03 亿元，占全省总量的 35.84%。社会消费品零售总额为 816.3 亿元，占全省总量的 39.2%。当年实际使用外资额 19.08 亿美元，占全省总量的 52.94%。区内金融机构存款余额达到 1 111.96 亿元，占江西省的 15.43%，财政总收入为 144.22 亿元，占全省总量的 29.51%，人均财政收入达到 1 071.68 元，突破 1 000 元大关。可见鄱阳湖区相对于全省综合实力较强于江西省 20%的国土面积却创造了全省 40%以上的经济总量，发展潜力巨大。同时较强的综合实力为建设环鄱阳湖生态经济区奠定了良好的经济基础（表 3-6）。

表 3-6 鄱阳湖生态经济区 2008 年主要社会经济指标

地区	行政区域土地面积/km^2	人口/万人	GDP/万元	社会消费品零售总额/万元	城镇固定资产投资完成额/万元	实际利用外资/万美元	金融机构存款余额/万元	财政收入/万元
1. 南昌市	7 397	497.49	16 564 042	5 289 639	9 609 127	141 052	3 103 114	1 021 476
南昌市区	617	223.09	11 213 992	4 291 017	7 510 100	100 169	21 608 495	815 094
安义县	656	27.4	408 576	74 090	156 800	3 602	356 104	16 633
南昌县	1 839	95.6	2 250 770	407 699	1 251 931	20 735	1 175 010	104 720
新建县	2 338	71.6	1 348 828	277 755	393 358	10 980	838 304	55 001
进贤县	1 947	79.8	1 341 876	239 078	193 401	5 566	733 696	30 028
2. 九江市	14 319	405.44	6 418 268	1 838 873	3 978 712	38 966	5 389 004	257 361
九江市区	598	60.44	3 519 575	935 734	1 301 029	11 965	2 575 383	82 036
瑞昌市	1 423	43.9	463 152	137 536	421 004	3 446	426 190	26 403
九江县	911	34.8	301 219	87 988	204 693	3 086	300 737	20 447
德安县	927	23	238 739	62 688	202 813	2 594	224 202	15 375
星子县	719	25.4	183 286	61 498	221 166	3 120	190 676	13 197
永修县	2 035	37.4	452 806	112 056	422 527	4 086	365 315	27 051
湖口县	669	28.6	327 450	72 255	552 518	1 800	277 127	20 330
都昌县	1 988	78.3	300 364	150 302	142 849	2 237	436 744	18 205
武宁县	3 507	37.1	366 256	126 589	243 109	4 125	305 903	20 753
共青区	—	—	—	—	—	—	—	—
彭泽县	1 542	36.5	265 421	92 227	267 004	2 507	286 727	13 564
3. 上饶市	7 682	286.8	1 439 977	482 739	636 886	3 608	1 335 264	61 011
鄱阳县	4 215	152.2	595 182	205 526	201 086	1 239	710 438	23 908
余干县	2 331	95.7	481 295	145 700	273 552	467	325 830	19 841
万年县	1 136	38.9	363 500	131 513	162 248	1 902	298 996	17 262
4. 景德镇市	4 829	112.7	1 492 198	331 936	924 377	5 845	902 199	72 726
乐平市	1 975	84.6	1 064 999	261 820	703 396	3 851	678 957	52 328
浮梁县	2 854	28.1	427 199	70 116	220 981	1 994	223 242	20 398
5. 抚州市	1 262	43.3	521 728	219 784	351 168	1 331	390 025	29 615
东乡县	1 262	43.3	521 728	219 784	351 168	1 331	390 025	29 615
合计	35 489	1 345.73	26 436 213	8 162 971	15 500 270	190 802	11 119 606	1 442 189
江西省	166 947	4 400.1	64 803 300	20 827 900	43 253 781	360 368	72 065 600	4 886 500

数据来源：《江西省统计年鉴》(2005—2009 年)。

数据说明：南昌市区包括东湖、西湖、湾里和青山湖区、九江市区包括庐山区、浔阳区，共青区数据暂缺。

3.3.3 区域产业经济发展分析

全区经济增速较快，产业结构不断改善。2008 年，全区 GDP 达 2643 亿元，其中，第一产业增加值 241 亿元，第二产业增加值 1447 亿元，第三产业增加值 955 亿元（表 3-7）。三大产业结构为 9.1∶54.8∶36.1，产业结构层次优于全省平均水平的 16.4∶52.7∶30.9。

表 3-7　湖区生产总值情况　　单位：万元

地区	生产总值（当年现价）	第一产业增加值	第二产业增加值	工业	第三产业增加值
1. 南昌市	16 564 042	1 014 774	9 160 251	6 729 251	6 389 017
南昌市区	11 213 992	112 043	6 170 031	4 366 658	4 931 918
安义县	408 576	59 779	201 470	168 457	147 327
南昌县	2 250 770	301 873	1 461 553	1 094 553	487 344
新建县	1 348 828	267 729	640 156	533 872	440 943
进贤县	1 341 876	273 350	687 041	565 711	381 485
2. 九江市	6 418 268	607 390	3 646 192	3 018 717	2 164 686
九江市区	3 519 575	33 444	2 026 354	1 541 726	1 459 777
瑞昌市	463 152	74 211	288 724	271 763	100 217
九江县	301 219	60 266	172 181	139 571	68 772
德安县	238 739	29 117	148 208	138 010	61 414
星子县	183 286	37 240	80 618	69 991	65 428
永修县	452 806	78 844	280 106	272 101	93 856
湖口县	327 450	52 410	219 353	204 400	55 687
都昌县	300 364	88 560	109 987	87 582	101 817
武宁县	366 256	87 017	190 616	180 548	88 623
共青区	—	—	—	—	—
彭泽县	265 421	66 281	130 045	113 025	69 095
3. 上饶市	1 439 977	471 664	544 340	377 531	423 973
鄱阳县	595 182	209 518	186 255	102 452	199 409
余干县	481 295	187 546	176 685	126 879	117 064
万年县	363 500	74 600	181 400	148 200	107 500
4. 景德镇市	1 492 198	217 587	852 117	766 386	422 494
乐平市	1 064 999	131 882	602 001	541 082	331 116
浮梁县	427 199	85 705	250 116	225 304	91 378
5. 抚州市	521 728	99 960	269 290	236 557	152 478
东乡县	521 728	99 960	269 290	236 557	152 478
合计	26 436 213	2 411 375	14 472 190	11 128 442	9 552 648
江西省	64 803 300	10 603 800	34 148 800	27 669 300	20 050 700

数据来源：《江西省统计年鉴》（2005—2009 年）。

工业成为推动经济快速增长的主导力量。鄱阳湖周边 6 个设区市，基本聚集了全省的六大工业体系。其中以汽车、飞机制造、机械、电子、冶金、化工、医药、纺织为骨干的龙头企业，产品产量占全省总产量 80%以上。2008 年全区工业增加值（当年价格）1112.84 亿元，占全省 2766.93 亿元的 40.22%。汽车航空及精密制造、特色冶金和金属制品、中成药和生物制药、电子信息和现代家电产业、食品工业、精细化工及新型建材六大支柱产业完成工业增加值 1 100.0 亿元，对规模以上工业增长的贡献率为 49.2%，拉动规模以上工业增长 16.6 个百分点。南昌作为全省政治、经济、文化中心和最大的制造业基地，对其他 5 个设区市辐射强烈；九江作为港口城市，成为其他城市大宗原材料和产品进出的集散地，是全省重要的能源、化工、纺织、造船等制造业基地；景德镇的飞机、汽车、电子、陶瓷等产业优势明显；鹰潭的有色冶金、精密仪器，上饶的精密机械加工等，几乎集中了全省工业的精华，且产业结构各具特色，经济外向度较高，产业分工与合作紧密，经济互补性较强（图 3-5）。

图 3-5 鄱阳湖生态经济区产业布局

3.4 鄱阳湖生态经济区贫困问题

鄱阳湖生态经济区不仅具备了得天独厚的自然优势，同时也具备了经济发展的另一重要条件即产业发展优势，在这样的优势条件下鄱阳湖经济区的经济本应该得到快速的发展，并且其贫困程度也应该很低。但是，事实上该区域却没有摆脱贫困，而且还是江西省贫困人口相对集中的区域之一。

3.4.1 鄱阳湖生态经济区贫困现状

（1）贫困标准。在对贫困人口数量进行分析前，首先，要明确我国关于贫困人口数量统计的口径。由于我国没有建立完善的科学的贫困人口识别指标体系，政府、国际机构学者对于中国贫困人口都有自己不同的估计。政府估计采用的是收入贫困线，也就是我们通常所说的官方贫困线。在 2000 年国家统计局根据 1 美元的标准，测算出低收入人口贫困线（表 3-8）。国际社会在承认中国反贫困的巨大成就的同时也对中国政府的贫困人口数量估计提出了质疑。英国国际发展（DFID）以人均每日消费 1 美元的标准估计我国贫困人口为 1.6 亿，Martin Ravallion 和 Chen Shaohua 在为世行所做的一项研究中同样用人均每日消费 1 美元的标准估计我国贫困人口为 2.12 亿。相比较而言，我国无论是采用官方贫困线还是低收入人口标准，测算出的我国贫困人口的规模都比国外测算的规模小，特别是官方贫困线。

表 3-8　我国官方贫困线和世界银行贫困线（按人民币当年价格计）　单位：元/a

年份	官方贫困线	世界银行贫困线
1993	450	559
1994	480	690
1995	530	811
1996	640	875
1997	640	897
1998	635	888
1999	625	875
2000	625	874

数据来源：国家统计局农村社会经济调查司编，历年《中国农村住户调查年鉴》。

（2）贫困规模。滨湖地区是江西省贫困人口相对集中的区域之一，从图 3-6 中可以看出，滨湖区贫困人口的数量占整个江西省贫困人口数量的很大一部分，基本上接近一半。通过计算得知，2004—2007 年滨湖区贫困人口的数量分别占江西省的 48.26%、48.41%、48.54%、35.17%，前三年都保持在 48%左右，只有细微的差别，而 2007 年有了一个比较大幅度的下降，仅占江西省贫困人口数量的 35.17%（表 3-9）。如果根据世界银行的贫困线标准，即人均 1.25 美元统计，这个群体更庞大。虽然贫困人口的数量比较庞大，但是和江西省贫困人口数量发展趋势一样，滨湖区近几年贫困人口的数量也呈现一个逐年递减的趋势，这与江西省这几年实施的相关扶贫政策有很大的关系。

表 3-9 2004—2008 年滨湖市（县、区）贫困人口数量统计 单位：人

地区	2004 年	2005 年	2006 年	2007 年
1. 南昌市	22 176	20 096	17 134	15 123
东湖区	—	—	—	—
西湖区	—	—	—	—
青云谱区	35	0	0	0
湾里区	420	411	358	308
青山湖区	129	110	79	59
安义县	3 493	3 130	2 663	2 491
南昌县	4 370	3 996	3 504	3 116
新建县	7 086	6 547	5 489	4 829
进贤县	6 643	5 902	5 041	4 320
2. 九江市	70 880	69 522	68 157	62 404
浔阳区	30	25	22	24
庐山区	613	600	586	526
瑞昌市	9 112	8 962	8 748	7 995
九江县	6 206	6 096	5 950	5 467
德安县	2 648	2 608	2 546	2 366
星子县	7 280	7 094	6 925	6 390
永修县	5 263	5 088	4 967	4 627
湖口县	6 646	6 494	6 339	5 805
都昌县	20 418	20 206	20 020	18 169
武宁县	6 687	6 522	6 366	5 778
共青区	204	188	184	163
彭泽县	5 773	5 639	5 504	5 094
3. 上饶市	100 064	97 316	89 817	35 882
鄱阳县	59 319	58 251	53 951	4 679
余干县	36 780	35 243	32 367	28 029
万年县	3 965	3 822	3 499	3 174
4. 景德镇市	10 414	10 121	9 352	8 278
乐平市	6 244	5 967	5 592	4 950
浮梁县	4 170	4 154	3 760	3 328
5. 抚州市	2 243	2 202	2 053	1 922
东乡县	2 243	2 202	2 053	1 922
合计	389 378	378 418	355 892	232 095
江西省	806 845	781 738	733 160	659 943

数据来源：《江西统计年鉴》（2005—2008 年），《中国农村贫困监测报告》（2005—2008 年）。

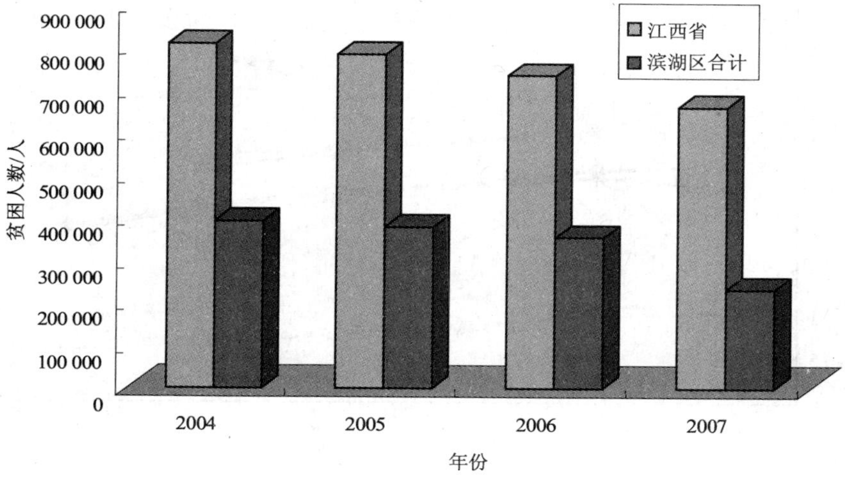

图 3-6　江西省和滨湖区贫困人数

（3）贫困程度。从图 3-7 可以看出，鄱阳湖生态经济区规划范围内的 5 个地区的贫困程度通过这几年的扶贫开发，总体上呈现出下降趋势。但是，这个区域的贫困程度仍然较深，贫困发生率也比较高。其规划范围内的 5 个地区中，九江市的贫困发生率最高，不仅高于经济区的平均水平，而且也远远高于江西省的平均水平，经过多年的扶贫开发，2007 年九江市的贫困发生率仍旧高达 2.47%，高于江西省 0.5 个百分点。25 个滨湖县（市、区）中有两个国家重点贫困县即余干县和鄱阳县。这两个县的贫困程度相对于其他县（市、区）贫困发生率更高，2007 年贫困发生率分别为 3.3%和 3.61%，均高于鄱阳湖生态经济区的平均水平近 2 个百分点。

表 3-10　2002—2007 年各县（市、区）贫困发生率　　单位：%

地区	2002 年	2003 年	2004 年	2005 年	2006 年	2007 年
江西省	2.69	2.63	2.47	2.37	2.21	1.97
南昌市	1.02	0.95	0.86	0.77	0.65	0.57
景德镇市	1.15	1.06	1.17	1.12	1.04	0.92
九江市	4.09	3.07	2.96	2.86	2.77	2.47
抚州市	2.43	2.55	2.42	2.35	2.18	1.91
上饶市	3.5	3.08	2.94	2.82	2.61	2.29
余干县	5.04	4.9	4.63	4.41	4.02	3.3
鄱阳县	5.35	5.21	5.02	4.7	4.31	3.61

资料来源：《江西农村贫困监测调查资料》（2003—2008 年）。

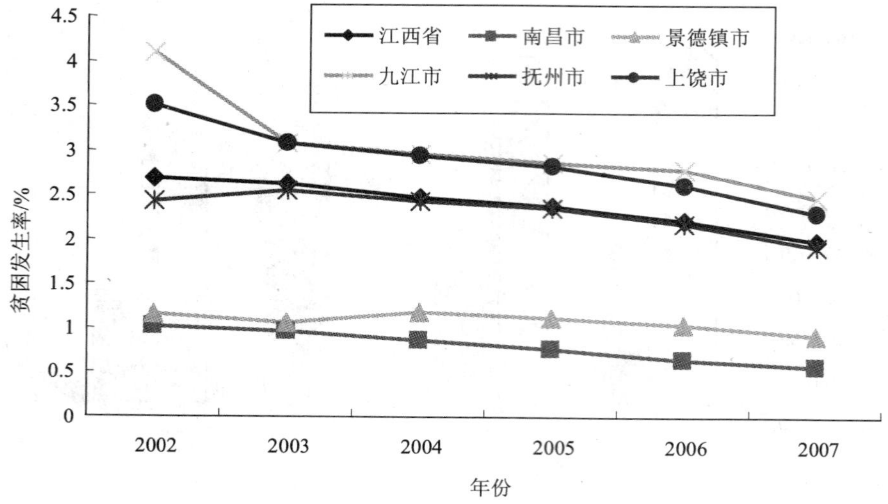

图 3-7　各市区贫困发生率

3.4.2 贫困人口分布

从分布上看，农村贫困人口呈现出局部集中的特征，同时滨湖区特殊的地理条件形成山区、库区、湖区三个各具特点的低收入贫困区域。

（1）从地域分布上看，主要是向江西南部地区集中。就鄱阳湖生态经济区的地域分布来看，主要是抚州和九江，尤其是抚州地区，其仅仅包含了一个县，即东乡县。可是其贫困人口的总数在整个滨湖区就占到了 50%左右。其次是九江市，包含了永修县等 12 个区县，贫困人口数在 2004 年、2005 年和 2006 年这三年里，一直保持在整个滨湖区人口的 35%左右，但是在 2007 年其贫困人口数比重突然大幅度提高，达到整个滨湖区贫困人口总数的一半（图 3-8、图 3-9、图 3-10、图 3-11）。

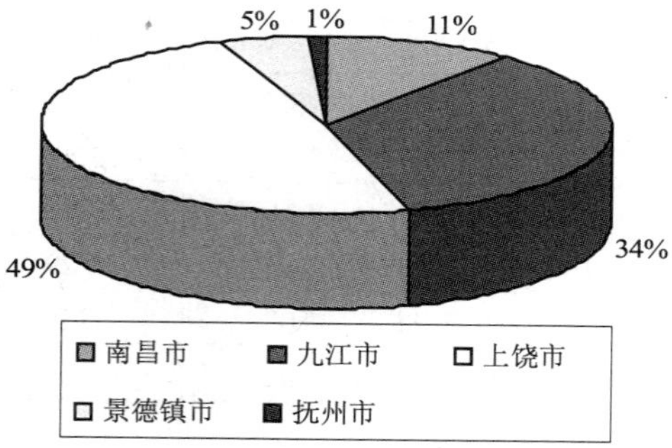

图 3-8　2004 年农村贫困人口分布

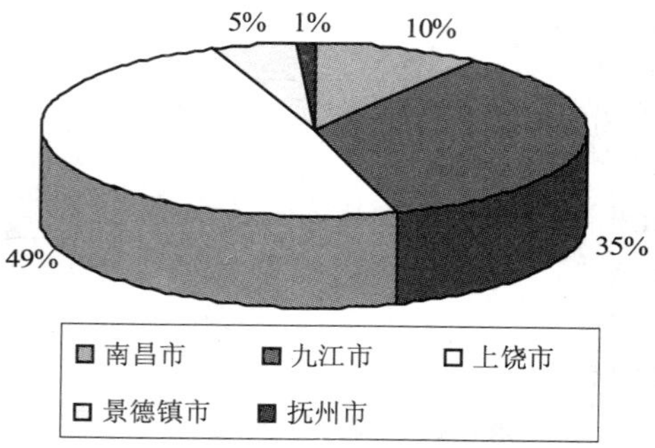

图 3-9　2005 年农村贫困人口分布

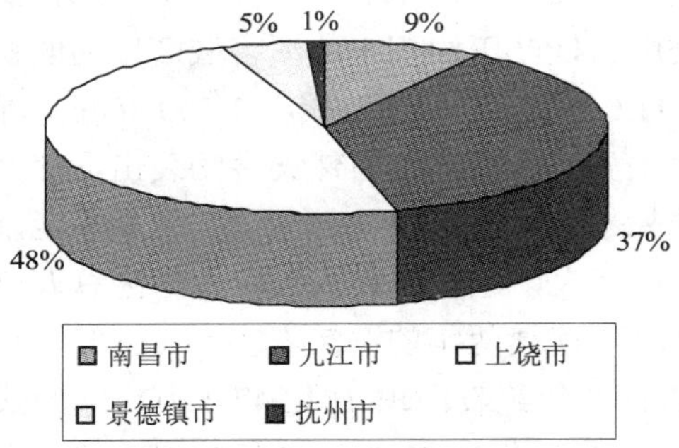

图 3-10　2006 年农村贫困人口分布

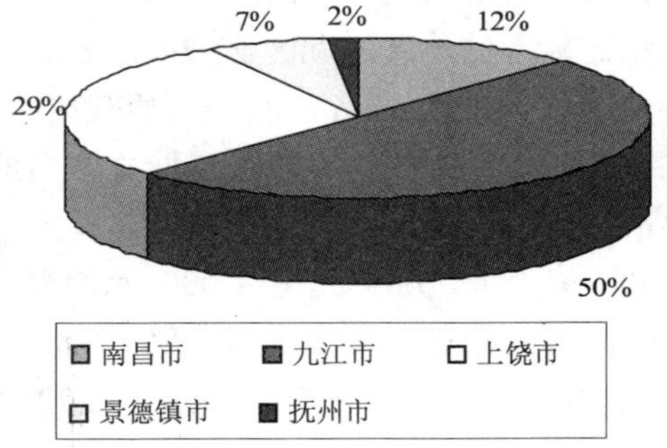

图 3-11　2007 年农村贫困人口分布

（2）从地形分布上看，滨湖区特殊的地理条件形成山区、库区、湖区三个各具特点的低收入贫困区域。一是贫困人口主要集中在生存环境恶劣的山区。滨湖区的山区较为特殊，多属石灰岩溶洞地区，地表土层瘠薄，多数是光秃秃的“馒头山”，易涝易旱，大雨山洪暴发，无雨时则河床干涸，夏天高温可达 38℃以上，病虫害特别多，冬天最冷则在零下 13℃以下，又给越冬农作物造成冻伤。据统计，仅九江市就有山区乡镇 113 个，农业人口 143.715 9 万人。特殊的地理环境给山区群众制造了许多困难。一方面缺田少地导致农民粮食产量低。据统计滨湖区人均耕地面积只有 0.07 hm^2，而人均水田仅仅为 0.05 hm^2。另一方面由于山区特殊的地理环境，滨湖区水土流失严重。从水土流失面积来看，滨湖区 11 个县市水土流失面积已达 32.61 万 hm^2，占该区土地总面积的 16.50%，占该区陆地总面积的 20.4%。从水土流失造成的养分损失来看，据典型调查推算，滨湖区 11 个县市的坡面土壤中侵蚀量达 111.8×10^8 t，随之流失有机质 18.78×10^4 t，造成土地质量下降，作物产量降低，经济收入减少。从泥沙淤积来看，据统计，鄱阳湖每年来自江西五大河流的泥沙淤积量为每年平均 2 524.3 万 t 入湖，还有每年 7～9 月从长江倒灌入湖泥沙量 104.5 万 t。除去出湖泥沙外，每年淤积在湖内的泥沙为 1 209.8 万 t，导致每年淤高 3.2 mm。由于泥沙淤积，鄱阳湖每年减少库容 900 多万 m^3。二是贫困人口集中在生态环境恶化的库区。库区的贫困问题在滨湖地区相当严重。一方面由于修建的大量水库造成库区耕地锐减，滨湖区建有柘林水库及东津等大中型水库，由于建造这些水库而造成田地、村庄、山林全部或部分被淹的乡（镇场）有 11 个、行政村 98 个、自然村 1 119 个，受影响的人口有 18.101 2 万人，其中农业人口 13.926 5 万人。另一方面滨湖地区也是江西省库区移民相对集中的区域之一，有水库移民人口 56.17 万人，占全省的 36.1%；有 6 个县接收安置三峡移民 2 592 人，占全省接收安置人数的 25.74%。“两江”移民的到来和库区移民的原地后靠安置及大量基础设施的淹没，使库区人民的生产生存条件急剧恶化，虽经多年的恢复性重建但仍然困难重重。调查统计，1999 年库区农民人均纯收入只有 937 元。三是贫困人口集中在自然灾害频繁的湖区。从新中国成立以来的统计资料显示，鄱阳湖区洪涝灾害年年都有发生，但特重灾害尚无记录。洪涝灾害 20 世纪 80 年代重度发生频率为 50%；20 世纪 90 年代上升为 100%，在 8 个县发生，特重度灾害在 3 个县发生；20 世纪 90 年代有 6 年发生特重度洪涝灾害。因灾损失以每年 10%的速度递增。尤其是 1998 年的特大洪涝灾害，损失更是巨大，湖区有 138 座保护农田 66.67 hm^2 以上圩堤溃决，江西全省直接洪灾损失 376.8 亿元，多数是滨湖区的损失。久涝则渍水为患，鄱阳湖区是江西省渍水农田比较集中、渍害低产田面积比较多的地区。湖区 27.74 万 hm^2 的各类中、低产田面积中，渍害低产田的面积就占 65.5%，约 18 万 hm^2，其中平原渍害田约为 11.02 万 hm^2。若以减产 1 500 kg/hm^2 计，则共减产约 2.7 亿 kg，给湖区农业生产造成巨大损失。由于连续自然灾害的袭击，使湖区人民的人均收入急剧下降。据统计，库区农民年人平纯收入只有 937 元，其中 685 元以下有 4.085 9 万人，685 元至 1 000 元的有 1.975 6 万人，这些低收入人口占库区总人口的 33.49%，形成了库区贫困区域。仅 1998 年和 1999 年连续两年的洪涝灾害，灾区直接经济损失达 50 亿元以上，受灾人口达 132.721 9 万人，两年绝收面积 161.547 4 万亩，冲毁农房 16.715 1 万间，冲毁农田 12.927 2 万亩，冲毁水利设施 5 003 处，使新中国成立以来湖区人民修建的水利设施受到毁灭性的破坏，且带来了一系列后遗症，其负面影响是巨大的。

3.4.3 农村贫困类型——呈现多元化贫困状况

农户经济贫困状况

贫困概念首先是“总收入水平不足以获得仅仅维持身体正常功能所需的最低生活必需品，包括食品、住房、衣着和其他必需的项目”。所以，分析农户的经济贫困状况主要从收入和消费两个视角进行分析。

（1）从收入角度分析中得出的五个特点。

第一，收入增长加快但总量依旧较低。近几年，随着国家惠农政策的颁布和实施，滨湖区农民收入增长很快。从图 3-12 中可以看出滨湖区、江西省、全国的农民人均纯收入的增长趋势基本一致，且三者基本保持在同一水平，但是仍旧有细微区别。相比而言江西省农民人均纯收入水平略低于全国，而滨湖区农民人均纯收入水平又略低于江西省平均水平。而和其他省份相比，则仍然存在一些差距（表 3-11）。由表 3-11 可以看出，从 2004 年到 2007 年收入年增长幅度不断加快，但是与发达地区如浙江、广东、福建则相差更大。

表 3-11 部分地区农村居民家庭人均纯收入 单位：元/a

地　区	2004 年	2005 年	2006 年	2007 年	2008 年
滨湖区	2 855.42	3 200.42	3 616.421	3 987.21	4 532.58
江　西	2 952.56	3 265.53	3 584.72	4 097.82	4 697.19
广　东	4 365.87	4 690.49	5 079.78	5 624.04	6 399.79
浙　江	5 944.06	6 659.95	7 334.81	8 265.15	9 257.93
安　徽	2 499.33	2 640.96	2 969.08	3 556.27	4 202.49
福　建	4 089.38	4 450.36	4 834.75	5 467.08	6 196.07
河　南	2 553.15	2 870.58	3 261.03	3 851.60	4 454.24
湖　北	2 890.01	3 099.20	3 419.35	3 997.48	4 656.38
湖　南	2 837.76	3 117.74	3 389.62	3 904.20	4 512.46
全　国	2 936.40	3 254.93	3 587.04	4 140.36	4 760.62

资料来源：《中国农村贫困监测报告》（2005—2009 年）。

第二，区内各市农民收入差距加大。由于鄱阳湖经济区内各地区工业化程度不同和资源禀赋的差异，农民增收情况也不一样，区域差距增大（表 3-12）。

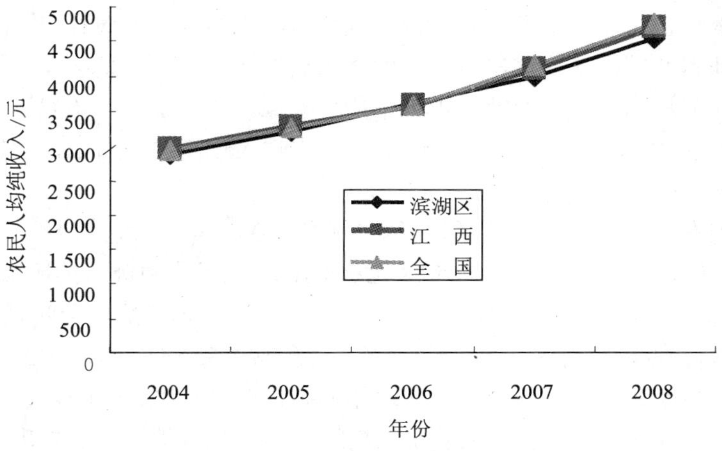

图 3-12　农村居民家庭人均纯收入变化趋势

表 3-12　2004—2008 年滨湖各市农民人均纯收入　单位：元/a

地　区	2004 年	2005 年	2006 年	2007 年	2008 年
南昌市	3 292	3 691	4 194	4 795	5 493
九江市	2 867	3 234	3 553	3 916	4 375
上饶市	1 910	2 103	2 741	2 629	2 970
景德镇市	3 141	3 454	3 803	4 320	5 146
抚州市	3 267	3 724	4 127	4 809	5 566
滨湖区	2 855	3 200	3 616	3 987	4 533

资料来源：《江西统计年鉴》(2001—2008 年)。江西省 2008 年统计快报。

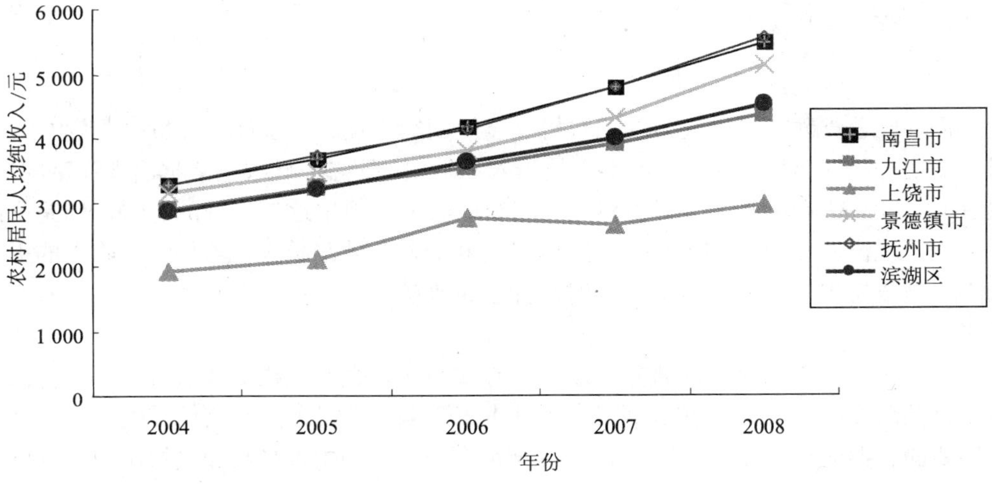

图 3-13　2004—2008 年滨湖各市农民人均纯收入

从图 3-13 不难发现，整个滨湖区中，南昌、景德镇、抚州三市农民人均纯收入均高于滨湖区整体。南昌和抚州市基本一致，农民人均纯收入最高，相对经济更发达。九江市农民人均纯收入基本和湖区平均水平持平，而鄱阳湖经济区的五个地区中，上饶市农民人均纯收入最低，这也是拉低整个湖区平均水平的重要原因。上饶市每年农民的人均纯收入仅为湖区平均水平的 2/3，人民收入十分低下，相比收入较高的南昌市，上饶市人均纯收入仅为其一半多一点。

第三，贫困农户工资性收入比重较低。2001—1005 年滨湖区农户工资性收入分别为 993.54 元、1 048.71 元、1 172.86 元、1 405.58 元和 1 709.72 元，占总收入的比重分别为 33.84%、34.33%、36.04%、37.82%和 38.10%，不到总收入的一半，而家庭经营收入 2001—2005 年占总收入的比重为 60.84%、59.03%、58.26%、56.55%、53.84%（表 3-13）。虽然近年来农户的工资性收入逐年递增，家庭经营收入逐年递减，但是家庭经营收入仍是农户收入的主要来源，均在总收入的半数以上。或者说主要还是传统的种植业，而外出务工的机会相对较少，收益也相对较低。而贫困重点县的农户收入相对就更低，仅为滨湖区农民总收入平均水平的 65%左右。

表 3-13 2001—2005 年滨湖区农村居民总收入及其构成

年份	农民总收入/（元/a）									
	滨湖区	重点贫困县	工资性收入		家庭经营收入		转移性收入		财产性收入	
			滨湖区	重点贫困县	滨湖区	重点贫困县	滨湖区	重点贫困县	滨湖区	重点贫困县
2001	2 935.61	2 200.02	993.54	705.99	1 786.06	1 443.51	93.02	36.13	61.04	14.39
2002	3 053.92	1 984.25	1 048.71	644.32	1 802.63	1 274.94	114.17	63.09	88.41	1.92
2003	3 254.63	1 909.38	1 172.86	593.19	1 896.04	1 287.23	93.80	7.27	91.93	21.69
2004	3 716.42	2 211.61	1 405.58	610.09	2 101.56	1 514.97	63.79	36.83	109.81	49.72
2005	4 487.24	2 368.96	1 709.72	650.25	2 415.95	1 619.78	133.16	38.83	220.92	60.10

资料来源：江西农村住户调查资料（2001—2005 年）。

第四，缺乏金融支持已成为滨湖农村发展的制约瓶颈。一方面，滨湖区财政收入紧张，而财政支出却相对庞大，各个县市常常处于入不敷出的地步，财政也常常出现赤字的情况。从表 3-14 和图 3-14 不难发现，虽然近年来财政收入呈现出逐年上升的趋势，但是同时财政支出也呈现出逐年上升的趋势，并且两者之间的差距越来越大，可见财政收入的上升速度赶不上财政支出上升的速度。由于财政赤字越来越大，滨湖区农村发展的财政资金就越发紧张。

另一方面，长期以来农村金融市场都是存多贷少，金融机构就像水泵一样，把农村聚集的资金源源不断地抽取到非农部门，致使本来干涸的农村市场存贷倒差突出，发展生产缺乏必要的金融支持。2004—2007 年，在全社会贷款余额中，农业贷款的比重一直分别占 20.60%、23.49%、22.95%、24.70%，可见农业贷款的比重相对较小，一直徘徊在 20%左右（表 3-15 和图 3-15）。

表 3-14 2004—2007 年滨湖区财政状况

单位：万元

地区	2004 年		2005 年		2006 年		2007 年	
	预算内收入	预算内支出	预算内收入	预算内支出	预算内收入	预算内支出	预算内收入	预算内支出
安义县	6 455	17 852	7 397	21 621	9 900	28 689	13 391	42 824
南昌县	33 202	60 668	44 671	83 275	62 445	110 183	83 559	149 756
新建县	21 263	38 598	26 296	59 314	36 526	79 369	47 139	102 266
进贤县	14 527	36 026	16 031	47 394	20 005	64 496	24 730	81 659
瑞昌市	13 505	24 562	15 916	36 181	19 246	43 964	21 415	61 235
九江县	8 585	22 630	10 490	29 890	13 311	38 182	15 842	48 190
德安县	6 359	15 771	9 196	20 882	11 659	24 162	13 566	32 593
星子县	6 887	17 208	8 345	19 592	9 905	25 144	11 563	38 541
永修县	11 108	25 852	14 738	34 202	18 550	47 108	23 728	65 200
湖口县	7 376	18 119	9 118	23 545	10 933	29 004	12 541	39 154
都昌县	10 908	35 768	13 552	46 070	15 987	51 587	16 048	76 433
武宁县	11 400	25 421	13 432	30 189	14 505	36 208	17 502	53 660
彭泽县	7 447	21 570	8 813	26 465	11 611	33 305	11 710	43 035
鄱阳县	14 070	61 520	14 893	82 857	19 039	93 648	22 027	132 458
余干县	15 356	49 700	17 332	63 831	21 362	77 491	22 490	98 670
万年县	8 888	23 749	12 347	31 453	12 876	39 749	14 806	50 624
乐平市	20 000	38 691	23 413	54 266	28 316	67 883	36 026	91 582
浮梁县	6 308	19 149	7 028	25 738	10 316	34 008	12 388	47 136
东乡县	8 681	21 027	10 766	28 508	15 197	44 545	22 598	61 375
合计	232 325	573 881	283 774	765 273	361 689	968 725	443 069	1 316 391

资料来源：《江西统计年鉴》（2005—2008 年）。《中国农村贫困监测报告》（2005—2008 年）。

注：部分县（市）数据暂缺。

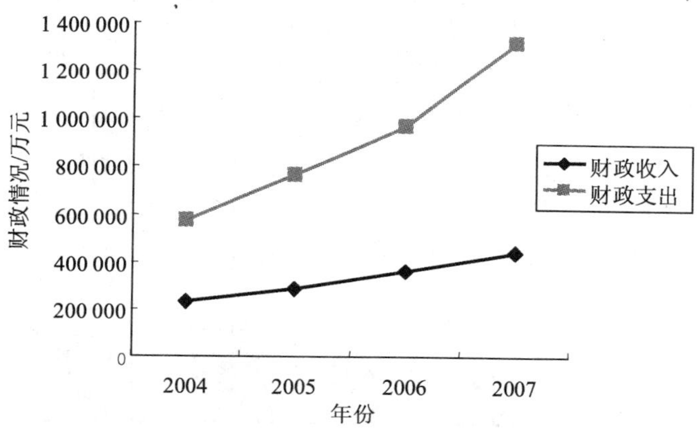

图 3-14 2004—2007 年财政情况变化趋势

表 3-15　2004—2007 年滨湖区金融机构情况　　单位：万元

地区	2004 年			2005 年			2006 年			2007 年		
	年末金融机构存款余额	年末金融机构各项贷款余额	农业贷款	年末金融机构存款余额	年末金融机构各项贷款余额	农业贷款	年末金融机构存款余额	年末金融机构各项贷款余额	农业贷款	年末金融机构存款余额	年末金融机构各项贷款余额	农业贷款
安义县	174 549	102 514	25 365	214 009	104 663	38 859	258 395	120 752	47 665	282 618	149 839	54 577
南昌县	614 992	334 633	70 838	724 109	370 364	98 621	863 700	443 537	101 253	692 267	555 219	114 561
新建县	388 141	200 890	29 362	466 927	221 964	40 886	564 684	254 390	41 518	641 968	302 754	57 192
进贤县	398 126	208 100	46 083	462 911	220 389	57 151	551 675	263 658	70 385	596 123	292 833	89 365
瑞昌市	191 702	181 093	10 865	256 974	144 348	1 681	300 551	168 757	1 678	339 193	235 019	31 842
九江县	131 742	85 660	23 521	161 154	91 284	32 454	191 526	88 091	32 613	240 832	111 850	34 760
德安县	107 520	80 170	46 495	129 350	71 890	33 637	125 378	76 648	42 972	183 970	89 617	50 606
星子县	81 521	60 022	11 863	100 703	58 355	14 952	117 688	61 083	16 707	148 302	66 376	26 648
永修县	180 774	191 933	30 292	215 500	176 158	34 713	247 487	201 942	26 231	276 199	218 880	33 457
湖口县	113 015	86 594	12 911	143 086	80 667	21 187	176 838	80 584	24 354	212 604	89 039	27 299
都昌县	202 787	119 543	27 943	249 890	121 241	39 789	301 940	129 096	41 753	339 560	132 787	48 851
武宁县	153 743	84 276	20 173	183 633	75 839	31 718	220 304	86 217	31 963	251 048	107 825	33 311
彭泽县	131 560	115 582	25 412	164 750	112 311	32 426	193 551	92 121	36 498	226 963	118 425	41 956
鄱阳县	329 476	254 663	46 018	409 468	275 058	46 578	487 577	285 108	48 578	585 091	293 417	70 661
余干县	263 503	239 439	57 195	329 552	316 022	57 201	328 950	310 830	57 310	325 500	342 830	54 670
万年县	47 178	37 302	3 366	208 619	240 525	33 173	251 508	247 029	33 370	298 845	239 465	33 719
乐平市	390 014	206 947	24 073	43 400	184 600	37 324	514 826	222 186	42 154	571 565	246 399	62 202
浮梁县	113 006	58 942	15 002	125 800	58 900	19 489	167 164	71 405	25 173	196 419	81 099	36 748
东乡县	194 871	111 925	41 864	235 586	106 779	40 294	269 763	115 640	39 492	319 849	150 877	42 000
合计	4 208 220	2 760 228	568 641	4 825 421	3 031 357	712 133	6 133 505	3 319 074	761 667	6 728 916	3 824 550	944 425

注：部分县（市）数据暂缺。

资料来源：《江西统计年鉴》(2005—2008 年)。《中国农村贫困监测报告》(2005—2008 年)。

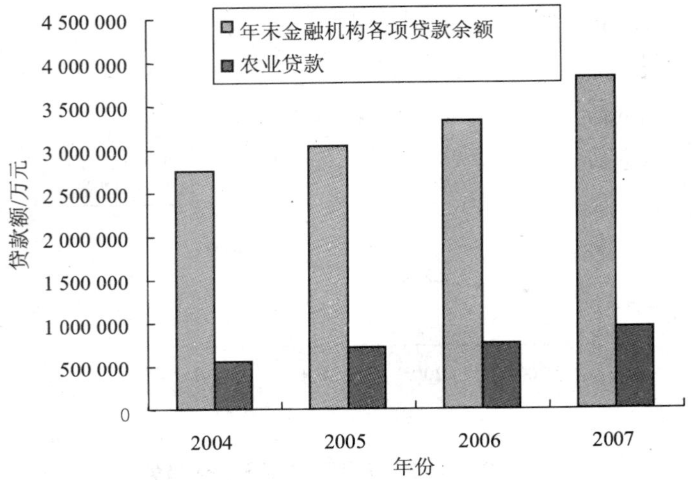

图 3-15　2004—2007 年农业贷款情况

（2）从消费角度分析贫困。收入支撑消费，收入决定消费，收入是消费的基础，消费反映收入，消费是收入的最终目标，两者是客观的辩证关系。低收入农户由于缺乏消费基础，生活质量普遍低下。

第一，农户满足衣食住行等基本生存需要的生活消费结构明显。2001—2005 年农户用于食品、衣着、居住等基本生存需要的生活消费支出分别为人均 1 717.24 元、1 822.25 元、1 816.77 元、1 947.48 元和 2 398.43 元（表 3-16），分别占农民总支出的 68.90%、69.16%、69.96%、67.53%和 68.57%。可见，农户在有限的生活消费额中，更多的钱是花在解决温饱问题上，生存性消费迹象十分凸显，除衣食住等生活消费外，农户用于其他消费的支出很少，尤其体现生活质量的消费更少。

表 3-16　2001—2005 年滨湖区农村居民支出情况

年份	农民总支出/元			
			生活消费支出	
	滨湖区	重点贫困县	滨湖区	重点贫困县
2001	2 492.27	2 026.68	1 717.24	1 355.93
2002	2 634.68	1 941.88	1 822.25	1 324.67
2003	2 596.76	1 791.04	1 816.77	1 311.48
2004	2 883.84	2 147.41	1 947.48	1 381.34
2005	3 497.68	2 468.25	2 398.43	1 826.62

资料来源：江西农村住户调查资料（2001—2005 年）。

第二，对于重点贫困县的农户来说，微薄的收入只能维持最低基本生存消费的需求，有的甚至难以维持，更谈不上满足享受消费和发展消费的需求。2005 年鄱阳湖生态经济区重点贫困县农民的人均收入为 2 368.96 元，而同年人均消费支出却达到 2 468.25 元，贫困农户的收入甚至无法维持其基本的生存需要，虽然其余年份农民的人均纯收入有所上升，而且其上升的速度高于人均消费支出上升的速度，但是除去消费支出后，农民的收入同样是所剩无几（图 3-16）。

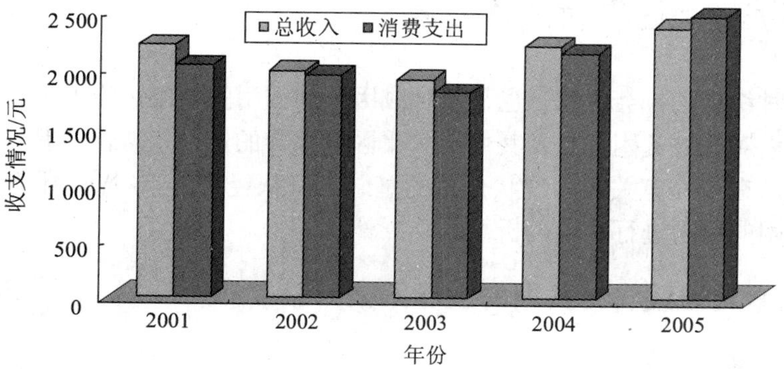

图 3-16　鄱阳湖生态经济区重点贫困县收入和消费支出比较

3.4.4 环境贫困是鄱阳湖滨湖地区农村贫困的重要类型

如前所述，滨湖区由于其特殊的地理条件形成了生态环境恶劣的山区、生态环境恶化的库区以及自然灾害频繁的湖区三个各具特点的低收入贫困区域。究其原因这三个地区贫困的本质就是环境贫困。具体从这三个方面分析来看：一是居住生活在山区。例如武宁县和鄱阳县的深山区，大多数村还不通汽车，甚至不通电话，不能接收电视，信息闭塞，物流困难，而且耕地少，过去依靠山地砍伐木竹出售赚钱，近些年禁伐收入减少。不少村庄频发山体滑坡灾害，受到泥石流、山洪暴发的威胁，人身、房屋、农田遭受伤害。二是居住生活在库区，农田极少，长期处于行路难、运输难、上学难、就医难、娶妻难的“五难”境地。甚至种的农作物还得遭受野兽的侵害。三是居住在低洼的江边湖边，基础设施差，抵御自然灾害能力很弱，易旱易涝，旱涝不保收。生态环境的脆弱导致整个滨湖地区有 30%的农户没有安全饮用水，有水冲厕所的农户不到 6%，使用旱厕的农户占 83.3%，比全省平均低 1 个百分点，还有 13.8%的农户家中没有厕所，粪便无害化处理率也很低，农村废物垃圾得不到及时处理，暴露于室外，污染环境，容易患病传染病源，往往是地方病的高发区。

3.4.5 文化贫困也是鄱阳湖滨湖地区农村贫困的重要类型

在农村贫困地区，基础教育设施薄弱，教育水平严重落后，人们受教育程度极低。加上滨湖区农村教育投入的严重不足进一步导致了农村的知识贫困。据统计，2004 年整个江西农村绝对贫困户的文盲半文盲比例达 18.3%，低收入户文盲半文盲比例达 14%，均远高于 7.5%的全国水平。而鄱阳湖生态经济区的文盲半文盲比例更是大大低于全省的平均水平。在我们进行实地走访调查中甚至发现在很多深山区的贫困农户甚至老中青三代都基本不识字，老人甚至连自己的名字都不会写。长期的文化教育落后，不仅严重阻碍了劳动力的流动和就业空间的选择，而且还导致了欠发达地区农村居民的精神贫困。精神贫困比较明显的表现是文化（狭义）的匮乏或落后，其本质就是与现代化隔离，与开放无缘。精神贫困既是物质贫困的结果，又是物质贫困产生并长期存在的重要根源。

3.5 鄱阳湖滨湖地区农村致贫因素

贫困是一种综合的社会现象，也是多种成因共同作用的结果。为了综合反映自然经济社会等多种因素对农村贫困分布及其生活水平区域差异的影响，同时考虑研究的针对性和资料的可得性，在前面有关贫困现状分析的基础上，从经济、 环境、社会这三个因素出发，对农村贫困的原因进行深度剖析。

3.5.1 经济因素是导致农村贫困的主导因素

3.5.1.1 生产生活基础设施薄弱

江西省特别是滨湖区农村地区经济基础薄弱，基础设施落后，与农业生产息息相关的水利设施、能源、交通、信息条件等远远不能满足农业生产发展的需求。具体来看，贫困地区的农民在贫困生产生活方面存在着“七难”。

（1）饮水难。尽管在正常年景下，江西省已经解决了绝大多数农民群众的饮水困难，但是在滨湖地区，由于其地形条件的限制，尚有 3 016 个村未开通自来水，占整个地区的 78%。因此农户不得不仍旧采用传统的方式取水，使得季节性、灾害性饮水困难突出。特别是在滨湖区有些水资源缺乏的特困地区，不仅人畜饮水困难，而且导致农业生产用水也严重匮乏，成为影响农业稳定高产、制约农民脱贫的“瓶颈”。

（2）行路难。在农村流传着这样一句俗语“要想富，先修路”。可见道路的畅通和贫困有着密切的关系。交通不通畅，生产资料难买进，农副产品难卖出，生产经营成本也增加了。2008 年年底，江西省境内公路里程达到 13 3847 km，其中，滨湖区境内公路里程 16 777 km，占全省的 12.5%。而滨湖区一些道路交通不发达的山村大多在边远山区，地势险要，路途遥远，解决通路的难度大、投入大。据调查，贫困山区修建村级公路平均每公里要比平原地区多投入 5 万元以上。

（3）用电难。近几年全省加大了农村电网改造力度，实行“同网同价”，但是仍然有不少贫困村成为农网改造死角。2008 年，江西省农村用电量达到 379 100 万 kW・h，其中滨湖区农村用电量仅为 147 569 万 kW・h，占全省的 38.9%（表 3-17）。

表 3-17　滨湖区基础设施统计表

单位：个

地区	乡（镇）个数	村民居委会个数	通电的村数	通电话的村数	自来水受益的村数	通有线电视的村数
东湖区						
西湖区						
青云谱区						
湾里区						
青山湖区						
安义县	10	109		109	9	109
南昌县	16	256		256	19	201
新建县	19	316		316	30	66
进贤县	21	266		266	30	137
浔阳区						
庐山区						
瑞昌市	16	170		166	69	138
九江县	12	104		104	48	104
德安县	13	83		83	32	69
星子县	10	73		73	20	60
永修县	15	136		136	40	74
湖口县	12	122		122	33	78
都昌县	24	264		262	33	96
武宁县	19	185		184	48	161
共青区						
彭泽县	13	177		177	90	132
鄱阳县	30	522		522	128	384

地区	乡（镇）个数	村民居委会个数	通电的村数	通电话的村数	自来水受益的村数	通有线电视的村数
余干县	20	378		378	21	250
万年县	12	131		131	33	30
乐平市	16	299		299	66	298
浮梁县	17	155		155	115	155
东乡县	13	141		141	7	37

资料来源：《江西统计年鉴》（2005—2009 年）。表中空白为数据暂缺。

（4）看电视、听广播难。相对前面的饮水难、行路难和用电难，而看电视和听广播对贫困农民来说就更是奢侈了。就像农村中流行的一句话："肚子没搞饱，这（指看电视、听广播）哪顾得了"。2008 年年底，滨湖区域仍有 1 308 个村不通有线电视，占整个区域的 33.7%。

通过上面分析不难看出，江西省农村的各项基础设施还是比较缺乏，特别是滨湖地区。一些严重缺乏基础设施的村庄更是主要分布在一些远离城市和交通干线的边远山区。贫困地区和其他地区之间在基础设施方面的差异，严重影响着农业和非农业生产经营活动的发展，是阻碍当地居民摆脱贫困的一个重要因素。

3.5.1.2 教育、医疗等公共基础设施缺乏

保障基本公共服务的供给，是推动新农村建设、缩小城乡差距、改善农村居民生存状态和生活水平、提高农业、农村和农民发展能力的重要途径。但是，不同发展时期农村基本公共服务需求应该有所不同。我们在进行农民调查的过程中，就 "当前农民最关心、最急需、最直接和最现实的基本公共服务" （多选题）这一问题进行了调研，在回答该问题的 214 名农民中，98.6%的农民选择基本医疗卫生，93.0%的农民选择义务教育，90.7%的农民选择公共基础设施，78.5%的农民选择最低生活保障，63.1% 的农民选择农技支持，54.7%的农民选择就业服务。选择其他基本公共服务的农民比例依次为生态环境保护（47.2%）、社会治安（46.3%）、金融支持（45.3%）。由此可见，医疗和教育成为农民首要关心的问题。而鄱阳湖生态经济区的农村教育设施和医疗设施却相对比较薄弱。据统计，整个鄱阳湖经济区共有学校 4 652 所，其中中学 800 所，小学 3 852 所；共有专任教师共 193 641 人，其中中学教师 84 578 人，小学教师 109 063 人；在校学生数共计 3 654 960 人，其中中学生 1 391 904 人，小学生 2 263 056 人。另外整个鄱阳湖生态经济区共有医院、卫生院 585 所，但是技术人员仅为 25865 人，平均每所医院或卫生院仅有技术人员 44 人，技术人员相对还是比较缺乏（表 3-18 和表 3-19）。

表 3-18 滨湖区农村教育设施建设

地区	学校数/所		专任教师数/人		在校学生数/人	
	普通中学学校数	小学学校数	普通中学教师数	小学教师数	普通中学生学数	小学学生数
南昌市区	91	212	7 625	8 813	132 900	180 100
安义县	14	88	903	1 026	14 438	24 432
南昌县	39	256	2 842	4 654	52 534	84 444

地区	学校数/所		专任教师数/人		在校学生数/人	
	普通中学学校数	小学学校数	普通中学教师数	小学教师数	普通中学生学数	小学学生数
新建县	52	275	2 245	3 170	48 105	87 408
进贤县	44	270	2 522	3 820	39 681	76 400
九江市区	39	74	2 691	2 606	35 700	44 000
瑞昌市	29	104	1 711	1 927	28 037	26 168
九江县	31	118	1 432	1 575	24 627	27 954
德安县	17	21	609	762	9 702	11 843
星子县	17	84	779	1 156	14 195	30 247
永修县	25	132	1 255	1 978	20 288	30 898
湖口县	18	139	1 190	1 427	18 784	24 632
都昌县	39	326	2 986	3 484	53 663	95 255
武宁县	25	82	1 361	1 297	13 968	23 523
共青区						
彭泽县	33	68	1 081	1 645	15 761	30 157
鄱阳县	104	495	4 616	6 540	71 242	166 215
余干县	65	370	3 538	4 307	66 935	92 418
万年县	22	180	1 562	1 866	30 376	36 897
乐平市	46	286	2 825	3 909	38 508	79 310
浮梁县	27	148	1 209	1 374	15 344	20 525
东乡县	23	124	1 571	2 115	24 833	40 968

资料来源：《江西省统计年鉴》(2005—2009 年)。

表 3-19　2008 年滨湖区农村医疗设施建设

地区	医院、卫生院数/所	医院、卫生院床位数/床	医院、卫生院卫生技术人员数/人
南昌市区	70	11 447	5 115
安义县	13	368	445
南昌县	27	1 191	1 554
新建县	29	1 267	1 304
进贤县	31	966	1 337
九江市区	30	3 094	1 215
瑞昌市	34	1 240	1 168
九江县	17	675	611
德安县	20	549	630
星子县	15	514	446
永修县	29	757	832
湖口县	18	403	520
都昌县	28	968	1 258
武宁县	23	521	660
共青区			

地区	医院、卫生院数/所	医院、卫生院床位数/床	医院、卫生院卫生技术人员数/人
彭泽县	23	473	730
鄱阳县	40	1 660	4 090
余干县	39	852	1 041
万年县	27	769	828
乐平市	30	1 348	1 212
浮梁县	22	284	296
东乡县	20	587	573

资料来源：《江西省统计年鉴》(2005—2009年)。

通过上面分析不难看出，江西省农村的各项基础设施还是比较缺乏，特别是滨湖地区。一些严重缺乏基础设施的村庄更是主要分布在一些远离城市和交通干线的边远山区。贫困地区和其他地区之间在基础设施方面的差异，严重影响着农业和非农业生产经营活动的发展，是阻碍当地居民摆脱贫困的一个重要因素。

3.5.1.3 产业结构单一

贫困地区，尤其是特困地区，第一次产业的增加值在GDP中的比重通常是居高不下，呈现出一种超稳定的产业结构。贫困地区产业结构单一。在农业与非农产业上，农业比重偏高，非农产业比例偏低；在农业生产内部，粮食生产占主导地位，经济作物生产比例极低；在农业生产与其他农产业生产上，以农业为主，林业、牧业、渔业所占比例很低。

产业结构单一的问题在鄱阳湖地区尤其突出。特别是大批库区移民更是加剧了库区的产业贫困。在库区“到处是新房，很少见厂房；只有交通线，缺少生产线”，库区移民这样形象地描述移民新城镇的现状。“农业弱、工业缺、服务产业虚”是库区产业面临的现实窘境。加上农村移民人均耕地面积少形成大量的剩余劳动力，这就造成了一方面劳动力过剩；另一方面库区产业支撑不足，提供的就业机会极少，从而导致了大批因为没有工作而形成的贫困人口激增。

3.5.1.4 市场发育程度低

目前，滨湖区农村市场发育程度很低，主要表现在：①农村生产要素市场发展落后。受传统体制的影响，滨湖区农产品市场与农村生产要素市场之间的非对称性达到了极端的地步，即只有农产品市场而没有生产要素市场。近年来，农村生产要素市场有了较快发展，但发展得还很不够。有很多产品没有专业批发市场和集散地，各自为政，产品营销还处于有市无场的落后局面。②市场规模狭小。由于农村“大而全”、“小而全”的自给自足，农民的主要生产活动以满足自身需要为主，只有出现剩余产品或需要货币支出时，才不得不与市场发生联系。同时地区、部门的行政性封锁，以及交通运输、邮电通信等基础设施的落后，致使市场发育十分缓慢，市场异常狭小。③市场透明度低。其信息误差率高，缺乏系统性，传递渠道少，市场行情不清，从而容易诱发盲目生产，重复建设。④市场无序化现象严重。上述原因决定了农村贫困地区农业生产力低下、农业生产收益低，以农业收入作为主要收入来源的农民难以实现通过发展农业生产而增收的目的；限制了农村贫困地区区域经济的发展，使得农民难以在区域经济的推动下发展生产，增加收入，摆脱贫困。

3.5.2 环境因素是导致农村贫困的基本原因

3.5.2.1 恶劣的自然环境

恶劣的自然环境总是与贫困相伴随，且呈正相关关系。恶劣的自然环境对人类生产和生活的破坏作用日益加重，从而导致一部分农村人口处在贫困线上，或使一部分已经脱贫的人们重新返贫。

（1）恶劣的自然环境导致农村贫困率的上升。江西省的欠发达地区，特别是贫困地区，其自然条件普遍较差。杨伟民的研究表明，发展程度指数与自然条件指数正相关，而且相关度较高，相关系数为 0.669 8。据统计，滨湖区 25 个县中有多个县（市、区）分布在山区。这些县自然条件恶劣，生态环境脆弱，基础设施落后，自然灾害频繁，人们的抗风险能力极差。从滨湖地区区位状况来考察，它集中了江西省主要的山区，多属石灰岩溶洞地区，地表土层瘠薄，多数是光秃秃的“馒头山”，易涝易旱，大雨山洪暴发，无雨时则河床干涸，夏天高温可达 38℃以上，病虫害特别多，冬天最冷则在零下 13℃以下，又给越冬农作物造成冻伤；同时，滨湖区水土流失严重，滨湖区 11 个县市水土流失面积已达 32.61 万 hm^2，占该区土地总面积的 16.50%，占该区陆地总面积的 20.47%。这种复杂多样的地理条件，不断恶化的生态环境，导致自然灾害的频繁发生，使滨湖区农村贫困率不断上升。从历史的角度分析，自然条件差是导致当地农业生产长期落后的重要原因之一，进而使得这些地区长期处于经济落后状态和存在大量贫困人口。

（2）恶劣的自然环境使农村返贫现象严重。随着国家“八七”扶贫攻坚计划的实施，一部分农户已相继脱贫，但是，一遇自然灾害，农业生产遭受损失，农民收入大幅度减少，返贫现象十分严重。

3.5.2.2 生态环境恶化

生态环境恶化是当今世界各地区普遍存在的问题。比较而言，这一问题在发展中国家表现得更突出一些。事实上，它已与许多地区的贫困问题形成了明显的互动关系。在贫困地区，持续的人口增长削弱了支撑农业生产的人均自然资源基础，迫于生存压力，许多贫困人口长期从事与维护生态平衡背道而驰的短期行为，在山坡上毁林开荒，在草原上毁草种地，这些行为进一步恶化了农村生态环境：一方面导致农村耕地减少，农业收益降低，农民农业收入下降；另一方面，恶化了的生态环境会增加自然灾害的发生，自然灾害频发又会反过来加剧生态环境的恶化，两者进入“越穷越垦，越垦越穷”的生态经济恶性循环，农业在这种过程中遭受到更为严重的影响。

3.5.3 社会因素是导致农村贫困的重要因素

3.5.3.1 自然历史因素的积淀

贫困地区之所以难以摆脱贫困，首先是受传统观念的影响，由旧的社会形态、文化传统沉淀下来的，支配着劳动者行为的旧的传统观念，造成了现实贫困地区农民群众观念落伍。

（1）历史沉淀的落后观念。在农村，至今仍旧有一些落后的风俗习惯影响着贫困地区的人们。比如“重男轻女”的思想，这种几千年前流传下来的封建思想在农村仍旧根深蒂固，其直接的后果就是贫困地区的农村超生、多生现象严重，低素质人口大量存在，造成了“越生越穷，越穷越生”的局面。另外像还有“温饱即安”的小农思想，很多贫困地区的农民都把“有饭吃、有酒喝、有衣穿”再“修房娶妻育子”作为其一生奋斗的目标。其直接后果是很多农民不思上进。仅仅满足于基本的物质生活，而不想去奋斗争取更好地改善自己的生活条件。

（2）历史遗留下来的经济发展战略。我国在建立社会主义道路时一直都是探索着前进的，历史上有很多的经济发展战略对现在贫困地区的经济发展都产生了一定的影响。其中影响最大的就是“重工轻农”的经济发展战略。新中国成立以后，中国长期实行的是工业化发展战略，在此背景下，农业发展从属于工业发展，农业肩负着为工业提供原材料、积累资金的重任。国家不仅利用统购统销等制度，从农村获取了大量保障工业生产的原材料，而且以工农产品“价格剪刀差”的方式从农村抽取了大量的资金。据统计，由于“剪刀差”的存在，1954—1991 年，累计达 17 429.5 亿元；进入 20 世纪 90 年代，每年仍达 1 000 亿元以上。大量资金从农村转移到城市，一方面使农村丧失了利用这些资金自我发展的机会，又增加了农民的负担；另一方面使原本就贫困的农民愈加贫困。

3.5.3.2 体制因素

与传统的非农偏好政策相对应，我国的二元经济结构还有自身的特殊性，即国家政策的强制性特征。中国实行城乡分离的二元体制是农民非农就业和增收的最大阻碍。

（1）城乡分离的二元体制阻碍了农民非农就业。农村存在大量剩余劳动力，其顺利转移成为农民增加收入、摆脱贫困的重要手段。然而，二元分割的城乡结构阻碍了这种转移。通过严格、强制的户籍制度，农村与城市间形成了难以穿越的屏障，阻断了农民进入城市、改变身份的途径，使原本封闭的农村变得更加封闭、落后；社会福利政策实施对象的单一性，使二元经济结构的利益差异进一步明显化。处于封闭、落后状态下的农村贫困人口由此陷入了更加无助的尴尬境地。

（2）城乡分离的二元体制增加了农民负担。中国在公共服务方面实行的是城乡分离的二元体制，即城市公共产品供给主体是国家，而农村公共产品供给主体则是农民自己。中国农村公共产品供给体制最大的弊端是加重了农民负担。以制度外筹资为主的农村公共产品供给体制使地方具有不断增加农民负担的压力；农村公共产品供给中的“一事一费”不仅为任意开征新的收费项目提供了可能，而且，随着农村经济与社会的发展，当产生新的公益事项时，将诱发新的收费项目的出现；农村“自上而下”的强制性公共产品供给体制使得乡镇机构膨胀，“吃饭财政”日益严重，进一步加重农民负担。因此，中国农民负担问题实质上是农村公共产品供给体制的问题。

3.5.3.3 人文因素

（1）人口与贫困。人口学研究发现，贫困历来与人口问题密切相关，在无控制的自然状态下，贫困地区的人口出生率和自然增长率往往高于其他地区。经济贫困和社会文化落后，会明显刺激人口的增长。一般来说，一个国家或地区的人口数量与贫困呈互为因果关系。我国贫困地区几乎无一例外地反映出这一规律。一方面庞大的人口规模成为地方经济发展的严重负担，人口增多使人均收入降低，人们难以摆脱贫困困境，形成了“越贫穷越生，越生越贫穷”的恶性循环；另一方面庞大的人口规模会给资源和环境带来更大的压力，其恶果是生态环境加速恶化，自然灾害频发，农村因“灾”而贫。根据农村住户调查，截至 2008 年，滨湖区总人口 1 345.73 万人，占全省的 30.58%，其中湖区贫困人口 389 378

人，占全省贫困人口的 48.26%。

（2）教育程度与贫困。公共教育、科研推广越来越被证明是现代农业增长的源泉，日益成为农业发展的内在变量。一般来说，文化水平越低，贫困发生率越高。一方面低文化水平不仅限制了人们的思想观念，决定了农民的思想素质低下，无法摆脱传统的落后观念；另一方面导致农民无法通过观念更新、技术创新脱贫致富导致农业科技难以推广，妨碍了农业生产力的提高，农业生产效率低下。根据我们实地调查得来的数据，2009 年鄱阳湖生态经济区因劳动力素质低和经营无方或失误致贫分别为 4 803 户、1 117 户，分别占总贫困户的 13.8%和 3.2%（表 3-20）。贫困家庭劳动力具有初中及以下文化程度的为 25 136 户，占 95.4%（表 3-21）。

表 3-20　鄱阳湖生态经济区贫困户致贫原因表

项目＼分类	合计	水灾旱灾	劳动力素质低	经营无方或失误	病、残	供养负担重	土地少	因上学	其他
贫困户/%	34 818	726	4 803	1 117	16 621	3 901	1 124	1 288	5 238
比例/%	100	2.1	13.8	3.2	47.7	11.2	3.2	3.7	15.1

数据来源：根据项目组实地调查问卷整理。

表 3-21　鄱阳湖地区贫困户劳动力文化程度一览表

项目＼文化	文盲或半文盲	小学	初中	高中	中专	大专以上	合计
户数/%	4 196	9 004	11 936	951	135	131	26 353
比例/%	15.9	34.2	45.3	3.6	0.5	0.5	100

数据来源：根据项目组实地调查问卷整理。

但是，从 20 世纪 90 年代末出现了一种新的贫困原因就是上学致贫。很多人可能不理解，明明是“知识改变命运”，为什么反而是“越读越贫”呢？2005 年以前，欠发达贫困地区由于财政收入少，用于办学校开支也比其他地区少。由于农村教育经费的严重短缺，为了维持学校正常开支，出现了严重的乱收费现象。有的地方一个小学生学杂费 1 年要 700～800 元，一个中学生的学杂费 1 年要 1 000 多元。如果贫困地区 1 个家庭中几个孩子都上学，对收入不高的家庭来说，是一笔不小的开支，会导致家庭的贫困。如果贫困地区的孩子考上大学，在目前的教育体制下，一个大学生每年的学费和生活费加起来至少要 1 万元左右，对一个贫困家庭更是无法承受的，要想上大学，只有依靠借债，那么，这些家庭的生活肯定要被拖入贫困的境地，自然就造成了我们所说的“越读越贫”的境况。

（3）劳动力健康与贫困。因病、因残导致贫困也是滨湖地区农民贫困的重要原因。一方面农村医疗设施跟不上人口增长的需求，地方病频发，农民身体素质因此受到严重影响，因“病”而贫、因“残”而贫的现象突出；另一方面医疗费用的负担，常常使很多本身贫困的家庭在维持日常生活开销的基础上又多了一笔巨大的开销，自然是入不敷出的。常常是如果农民家庭成员中有人生大一点的病，往往导致刚刚脱贫的家庭返贫，贫困的家庭会更加贫困。根据我们实地走访调查的结果，贫困户中因病、残致贫的有 16 621 户，占 47.7%

（表 3-20）。因病致贫现象较为突出，很多家庭经济状况较好或小康，因家庭成员出现大病而致贫。虽然农村已经实施了新型合作医疗制度，但也无法解决这类问题。

（4）社会保障与贫困。农村社会保障制度的缺失问题十分严重。在我国广大农村，社会保障机制除了社会救济普遍实施之外，其他的如社会养老保险、医疗保险等严重缺失。“养儿防老”仍是农村普遍采用的养老方式。对于贫困家庭来说经济负担更重。根据项目组实地调查的数据，2009 年鄱阳湖生态经济区因供养负担重致贫的有 3 901 户，占总贫困户的 11.2%。随着市场经济的不断发展，劳动者生产经营活动日趋频繁，他们的生老病死等风险明显增加，一旦发生风险，经济基础还十分薄弱的农民个人及其家庭很难抵御，农民贫困和返贫现象极易发生。

3.6 农村致贫因素的相互关系

根据上述分析，我们将鄱阳湖滨湖地区农村贫困因素及其相互之间的作用机制构建模型为图 3-17。

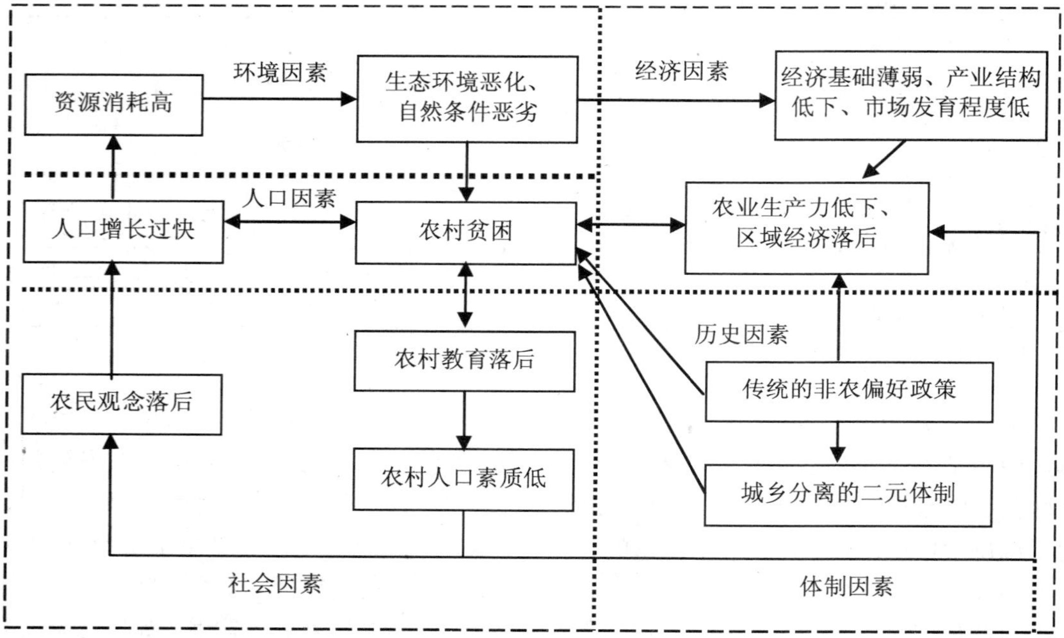

图 3-17 鄱阳湖滨湖地区农村致贫因素相互关系

通过图 3-17 不难发现，农村致贫因素不仅仅包含经济因素，更包含历史、体制、思想、自然条件、地理位置等社会因素和自然因素。三大因素相互影响，互为因果，增加了农村贫困问题的复杂性。原因与结果交织在一起，难以分辨。显然，反贫困问题的研究则更具复杂性。只有真正认清了问题的“源”和“流”，农村贫困问题才能得到切实地治理。具体的分析研究我们将在后面的章节中进行分析说明。

第 4 章

鄱阳湖生态经济区生态环境保护中消除贫困的资金需求与资金供给分析

内容提要：在数据分析的基础上，开展鄱阳湖生态经济区环境保护规划与消除贫困之间的矛盾分析；分析了鄱阳湖生态经济区有关功能分区的相关政策导向；在功能分区研究的基础上，确定了鄱阳湖生态经济区产业调整指导类型，结合鄱阳湖区实际，将现有鄱阳湖产业分为四类：允许类、鼓励类、限制发展类和淘汰类；收集鄱阳湖生态经济区贫困人口数量，估算全部贫困人口脱贫至少需要 2.05 亿元的资金，帮助贫困人口解决行路难、用电难、饮水难、改厕和环境整治的五个基础问题以及农户劳动力培训的问题的资金需求量是 7.3 亿元，综合农户层面和社区层面两个层面的资金需求，合计资金需求量为 9.35 亿元；按照通用的环境敏感控制计量测算方法，界定了理论上需要关闭的企业类型和具体企业名单，企业数量是 147 家，以此为基础，计算关闭企业需要补偿的资金总量至少需要 67.920 41 亿元；同时就资金筹措机制进行了计算，提出政府出资 87.7 亿元规划方案。

4.1 鄱阳湖生态经济区环境保护与消除贫困之间的矛盾

环境保护与消除贫困之间的联系一直都是动态的，实践证明，既环保又经济的双赢目标值得称道却很难实现。监测结果表明，世界银行旨在消除贫困和保护生物多样性的项目中，只有 16%的项目同时在两个目标上取得了重要进展。为了摆脱贫困陷阱，当地居民的努力和外界援助（资本投入、技术支持和教育发展、优惠政策等）是必不可少的。但是，应该提供多少外界援助以及以什么方式援助才能够实现高效产出是一种难以把握的政策平衡。我们认为，鄱阳湖生态经济区消除贫困的资金需求主要包括两个方面：一方面是扶贫开发所需的资金，即我们为稳定增加农村贫困人口收入、改善贫困乡村的基础设施的主动补偿；另一方面是保护环境所需要的资金，即我们为保护环境对关闭禁止企业的限制性补偿。具体地说，主要包括以下 4 个方面的资金需求：①为改善贫困人口的基本生产生活条件，提高贫困人口的人均收入的资金需求；②为提高贫困人口的生活质量和综合素质，加强贫困乡村的基础设施建设和公益事业项目投入的资金需求；③为改善鄱阳湖生态经济区的生态环境，而限制或禁止农业产业和资源采掘业造成的经济损失所需要的转移支付；

④为改善鄱阳湖生态经济区的生态环境，而治理、关停污染企业而造成的经济损失所需要的转移支付。

4.2 减少贫困的资金需求分析

4.2.1 扶助方式与资金需求

不同的扶助方式，会形成不同的资金需求。在研究农村扶助资金需求时，不可回避的一个问题是考虑扶助方式的选择。选择什么样的扶助方式或其组合，既受各种环境条件和贫困特点的内在制约，也与一定时期内政府和农民扶贫优先顺序的选择有关。根据鄱阳湖生态经济区的资金需求包括的两个方面即扶贫资金的需求和保护环境的资金需求，扶助方式也主要从这两个方面考虑。

基于贫困表现的多元性与贫困约束的多样性，并结合中国农村贫困的特点和扶贫政策的可能变化，我们将可选的农村扶贫方式作如表 4-1 所示的分类。在农户层面：增加贫困户的收入仍然是最主要的目标。农户增收方式根据其收入来源可分为：①就地增收，主要是增加种养业收入；②异地增收，主要是通过劳务输出来实现；③贫困户整体搬迁，主要是通过变换生活和生产环境来创收；④为贫困人口提供最低生活保障，即通过特殊的社会保障制度安排，以转移支付的方式，直接使贫困户收入增加。在社区层面：除了具备条件的人口整体搬迁之外，主要只能通过就地解决交通、供电和安全饮水等基础设施的方式，一方面为农民增收创造条件，另一方面也有助于直接改善贫困农户的福利。在环境保护层面：主要是通过产业化扶贫或者财政转移支付的方式。

表 4-1　减少和消除贫困的资金需求层面

贫困与环境保护表现层面	可选解决方式
农户层面	1. 增加种养业资金投入
	2. 加强技术培训，提高效率
	3. 促进和支持劳务输出
	4. 提供社会保障
	5. 人口迁移
社区基础设施层面	1. 就地解决交通、安全饮水问题
	2. 人口迁移
保护环境层面	1. 产业化扶贫
	2. 财政转移支付

4.2.2 农户和社区建设资金需求测算

研究鄱阳湖生态经济区对扶助资金的需求主要着重于对其静态资金需求的测算。以现有数据为基础，确定距离实现消除贫困和保护环境这两个目标在主要方面的缺口，根据以往的经验数据估计在这些方面的资金产出效率，然后预测完成各项目的目标所需资金的缺口，最后估计对政府资金的需求。从需求层次出发，我们将前述表 4-1 前两个层面的资金需求进行分析，即：农户层面的资金需求、社区层面的资金需求：

（1）农户层面的资金需求。农户层面的资金需求主要是为了帮助贫困人口的脱贫。到鄱阳湖经济区规划期限的 2015 年，预计现有农村人口全部脱贫（以 2007 年为基期计算），需要的资金需求如表 4-2 所示。

表 4-2　农户层面资金需求概算

官方贫困线/元	贫困人口人均纯收入/元	贫困人口数量/人	每万元投资扶贫人数/人
785	623.27	232 095	11.32

从表 4-2 的数据可知，鄱阳湖生态经济区一共有贫困人口计 232 095 人，贫困人口人均纯收入为 623.27 元，比国家的官方贫困线（785）低 161.73 元。按此推算，要使这 232 095 人完全脱贫，每人至少需要直接投入 161.73 元，共计 3 754 万元。但是通过第 3 章的分析我们不难发现，事实上我们的扶贫资金的使用效率并不高，在中国目前的扶贫资金的管理上，扶贫资金很难瞄准到贫困县甚至贫困村，更别说这样的直接瞄准到每个农户。根据前面我们分析的数据表明，每万元扶贫资金可以扶持到的人数仅仅为 11.32 人，据此估算的话，要使这 232 095 人全部脱贫，至少需要近 2.05 亿元的资金。

（2）社区层面的资金需求。社区层面的资金需求主要是为了提高贫困人口的生活质量和综合素质，加强贫困乡村的基础设施建设和公益事业项目投入的资金需求。这里的基础设施资金需求值考虑最基础的设施即帮助贫困人口解决行路难、用电难、饮水难、改厕和环境整治五个基础问题以及农户劳动力培训的问题。

① 村村通路资金需求。根据前面的分析已知每万元可以投资新建或改扩建公路里程 0.04 km，而鄱阳湖生态经济区目前境内公路里程 16 777 km。根据交通和农业部门的粗略估计，目前鄱阳湖周边地区约有 1 450 km 的乡村需要投资修建或改建，据此测算，要达到鄱阳湖生态经济区村村通路的目标，共需要投入资金 3.625 亿元。

② 村村通电资金需求。1998 年 10 月，国务院下发文件，批转了原国家计委关于农村电网建设与改造的请示，并将其确定为扩大内需的重要投资领域，安排了包括国债在内的资金 1 893 亿元作为农网改造的基本金。国家要求按照“两改一同价”（农电体制改革、农网改造和实现城乡同网同价）的原则，对城乡低压电网实行统一管理，取消各级政府的价外加价。至 2008 年底，江西省基本实现了村村通电的目标，鄱阳湖生态经济区范围内没有通电的村庄非常少，因为我们没有将这个部分的投资单独计算。

③ 解决贫困人口饮水安全资金需求。根据前面的分析已知每万元可以解决饮水人数 1.44 人。根据农业部门的初步估计，目前鄱阳湖生态经济区范围内约有 15 800 人饮水尚未达到国家安全标准，据此测算，要达到国家标准，共需要投入资金 1.097 22 亿元。

④ 改造厕所资金需求。根据有关部门估计，鄱阳湖生态经济区农村约有 17.3 万户厕所存在比较严重的环境污染问题，按照每个标准厕所改造投入 1 000 元为最低标准，共计要投入 1.73 亿元，另外 3 889 个自然村需要进行环境整治，例如垃圾集中收集处理系统的

建设和完善，参照鹰潭市的经验，我们每个自然村环境整治平均开支5万～10万元，我们取平均值7.5万元的标准，合计需要投资2.916 75亿元。

⑤ 农户培训资金需求。鄱阳湖生态经济区实施的劳动力培训转移计划——“雨露计划”，主要是惠及贫困区农民的，重点是16～35岁具有小学文化程度的贫困农民，培训时间一般为16个月，国家大体一个农民培训补贴800～1 000元，以基本技能培训为主。根据劳动部门提供的初步估计数据，鄱阳湖生态经济区需要培训的农村劳动力约为36.5万人，我们按照国家标准800～1 000元/人的中间值即900元标准计算，共需要投入资金3.285亿元。

上述行路难、用电难、饮水难、如厕难、环境差5个问题以及农户劳动力培训的问题都需要解决，那么据此估算至少需要7.3亿元的资金。

综合农户层面和社区层面两个层面的资金需求，合计资金需求量为9.35亿元。这一估算以2007年为基数，按此标准，以2011年“十二五”规划开始年为起点，到2015年全部解决还有5年时间，以5年为期限，那么平均每年贫困人口脱贫至少需要1.87亿元资金投入。

4.2.3 环境保护层面的资金需求分析

4.2.3.1 鄱阳湖环境污染现状分析

环境保护层面的资金需求主要是为改善鄱阳湖生态经济区的生态环境，而限制或禁止农业产业、资源采掘业以及工业企业而造成的经济损失所需要的转移支付。鄱阳湖流域是江西省的主要经济带，从前面的统计中不难发现，2008年鄱阳湖地区生产总值为26 436 213万元，占全省64 803 300万元总量的40.79%，人均生产总值为19 644.51元，是全省人均14 727.69元的1.33倍，也是全省率先进入人均3 000美元的区域。流域内产业结构偏重于以有色、纺织加工、造纸印刷为主体的传统化工产业，这些产业资源消耗和污染排放大，致使流域结构性污染特征日趋明显，导致近年来鄱阳湖水污染日趋严重。流域内工业结构与布局不合理是其污染的重要原因之一，因此亟须使流域内重污染企业退出，实现产业结构调整优化。

4.2.3.2 建立污染企业退出机制，确定退出企业范围

重污染企业即重点污染企业，是指生产工艺和设备落后、能耗高、废弃物排放量大，对环境污染严重的企业。重污染企业退出是限制重点污染企业在原有产业继续生产和发展，或淘汰原有生产工艺和设备，采取有效方式根除对环境的污染。应退出的重污染企业可分为两类，一类是国家环境保护法规中明确规定的关、停、并、转企业或清洁生产标准中淘汰（限制）类企业与工艺设备，以下简称“违法”污染企业；另一类是国家法律法规中还没有明确规定或还在合法生产期限内，但相对生产工艺技术落后、能耗高、废弃物排放量大、产品附加值相对较低不能满足可持续发展和“两型社会”建设要求的企业，以下简称“合法”污染企业。一方面，对违法污染企业一律实行依法退出政策。必须对违法重污染企业实行坚决退出，执法要严，对这类企业的退出主要依据：一是国家相关环境保护

政策法规明确规定取缔、关闭或停产淘汰的企业，如“十五小”[1]、“新五小”[2]企业；二是产业结构调整指导目录涉及的限制、淘汰类产业，如国家《产业结构调整指导目录》[3]中涉及的限制、淘汰类产业。另一方面对“合法”污染企业按“退出指数”有序退出。为整治鄱阳湖流域结构性污染，除对上述违法重污染企业实行依法退出外，尚需对一些“合法”污染企业实行有序退出。在具体实行时，如何科学合理地确定这类污染企业的退出范围或退出依据是面临的一道难题。本研究借用等标污染负荷计算原理，引入工业经济指标因素，提出单位工业产值等污染负荷排放强度概念，并称之为污染企业退出指数（ERI）。将 ERI 作为比较与衡量“合法”污染企业退出的指标体系，确定退出范围。ERI 采用下式计算：

$$\mathrm{ERI}=\left(\sum q_i / C_{0i}\right)\times 10^{-6} / V \qquad (i=1,2,3,\cdots,m) \tag{1}$$

式中：q_i——企业排放污染物 i 的总量，kg/a；

C_{0i}——污染物 i 的环境质量标准限值，mg/L；

V——企业的工业总产值；

（i=1，2，3，…，m）表示 i 从 1 到 m；i 值视流域污染情况而定，根据鄱阳湖江流域污染现状，初步确定 i 为氨氮、镉、砷、化学需氧量 4 个污染因子；

10^{-6}——换算系数。

值得一提的是，等标污染负荷计算中 C_{0i} 是指某污染物的工业排放标准，ERI 计算模式中 C_{0i} 是指某污染物的环境质量标准，目的在于评价污染企业对最终接纳水体可能造成的影响，实质上是对企业位置与区域环境承载能力等因素的综合考虑。

计算结果 ERI 值越大，则表明该企业对环境污染影响越大，而经济贡献率越低，可以按 ERI 值大小制定“合法”重污染企业退出，一般 ERI≥50 则退出。理论上需要关闭的企业如表 4-3 所示，共计 147 家企业，其中南昌市 133 家，九江市 14 家。但是，我们在考察中没有考虑企业或者工业园中的污染物处理水平，实际上，如果企业或者工业园中有专门的水污染处理设施而且正常运行的话，关闭企业应当会少一些。同理，废气处理条件好的企业，也可以保留其生产能力。但是，从我们能够收集的企业数据看，真正能建立污染物处理设施并能全负荷运行企业比例并不高。

表 4-3　鄱阳湖生态经济区污染企业关闭理论设定

地区	企业详细名称	企业详细地址	工业总产值（现价）/万元	工业废水排放量/t	工业废气排放量/m^3	是否关闭
青云谱区	南昌亚洲啤酒有限公司	南昌市青云谱区三店西路 183 号	43 136	1 062 223	149 143	关闭
	南昌市青云谱熊坊漂染厂	江西省南昌市青云谱区熊坊路口	823	112 000	1 058	关闭

[1] “十五小”企业是指：小造纸、小制革、小染料厂、土法炼焦、炼硫、炼砷、炼汞、炼铅锌、炼油、选金、农药、漂染、电镀、石棉制品，放射性制品等小企业（见 1996 年 8 月国务院发布的《关于环境保护若干问题的决定》）。

[2] “新五小”企业是指：小水泥、小火电、小炼油、小煤矿、小钢铁等小企业。

[3] 国家《产业结构调整目录》见报告附录。

地区	企业详细名称	企业详细地址	工业总产值（现价）/万元	工业废水排放量/t	工业废气排放量/m^3	是否关闭
青云谱区	南昌贤日印染有限公司	青云谱区解放西路 762 号	1 800	100 000		关闭
	上海兽药南昌分厂	南昌市青云谱区三家店南莲路 91 号	100	24 997		关闭
	江西洪城水业股份有限公司	青云谱区灌婴路 98 号	16 420.3	8 784 747		关闭
湾里区青山湖区	南昌翠岩食品有限公司	南昌市湾里区招贤路	40	1 620	56	关闭
	南昌市福顺食品有限公司	南昌市湾里区幸福路 203 号	80	4 800	126	关闭
	江西金世纪新材料股份有限公司	南昌经济技术开发区	2 980	49 000	250	关闭
	南昌天亮食品有限公司	南昌昌东工业园昌东二路	36	46 720		关闭
	江西英雄乳业有限公司	南昌市蛟桥镇英雄开发区	2 937.5	63 000	2 103	关闭
	英博雪津南昌啤酒有限公司	江西省南昌市昌东工业园工业二路	23 431	529 309	12 000	关闭
	南昌娃哈哈饮料有限公司	南昌市高新大道 958 号	4 000	240 000	489	关闭
	江西润田饮料股份有限公司	南昌经济技术开发区昌北	23 460	548 458	53 543	关闭
	南昌娃哈哈食品有限公司	南昌市青山湖区南昌民营科技园	77 163.4	1 175 481		关闭
	南昌市郊区白兰针织漂染厂	南昌市青山湖区	300	1 020 500	524	关闭
	南昌东琦实业有限公司	昌东工业区石桥路 329 号	280	47 500	600	关闭
	江西华源江纺有限公司	江西省南昌市青山湖区塘山镇	23 064	391 914	30 377	关闭
	江西京东实业有限公司	南昌市昌东工业区昌东一路 8 号	9 500	2 272 860	30 000	关闭
	南昌市青山湖区创新针织厂	南昌市青山湖区	1 200	800 350	1 179	关闭
	南昌市振兴针织漂染厂	江西省南昌市顺外路 181 号	1 500	352 000	4 346	关闭
	南昌市郊区晋裕详针织厂	青山湖区北京东段桃胜工业园	4 800	464 000	564	关闭
	南昌市郊区威胜针织漂染厂	南昌市青山湖区	1 000	336 777	1 528	关闭
	南昌福德隆实业有限公司	南昌市青山湖区	6 500	1 050 624	77 178	关闭
	南昌市华蓉针织漂染内衣厂	南昌市青山湖区	530	291 360	564	关闭
	南昌市春兰针织实业有限公司	南昌市青山湖区	530	317 984	564	关闭

地区	企业详细名称	企业详细地址	工业总产值（现价）/万元	工业废水排放量/t	工业废气排放量/m^3	是否关闭
湾里区青山湖区	江西华安针织总厂	江西省南昌市上海路 699号	2 129.2	183 220	4 165	关闭
	南昌市青山湖区罗城纸品制造加工厂	南昌青山湖区罗家岗下村委会	1 000	104 000	493	关闭
	南昌市郊区罗莲纸品制造加工厂	南昌市青山湖区罗家岗下罗家大道	1 000	45 000	2 315	关闭
	南昌市郊区义坊造纸厂	南昌市青山湖区	2 000	81 500	493	关闭
	江西昌九生物化工股份有限公司江氨分公司	江西省南昌市青山湖区罗家镇	40 889	9 460 500	412 262	关闭
	江西昌九化工有限公司	南昌市青山湖区罗家镇	1 000	141 915		关闭
	江西中兴汉方药业有限公司	南昌经济技术开发区青岚大道958号	2 578	39 500	250	关闭
	江西省圣通药业有限责任公司	南昌经济技术开发区富樱路299号	170	53 158		关闭
	江西昌九康平气体有限公司	南昌市青山湖区罗家镇濡溪村委会	490	555 769		关闭
	泰丰轮胎（江西）有限公司	江西省南昌市上海路 639号	6 877.4	180 000	7 622	关闭
	南昌中天电气有限责任公司	江西省南昌市火炬三路198号	1 060	59 796		关闭
安义县	南昌市天豫食品有限公司	安义县凤凰山工业开发区	1 500	40 000	180	关闭
	江西晶安高科技股份有限公司	江西南昌安义万埠镇	22 800	814 469	97 611	关闭
	江西锦鹏铝业有限公司	安义县凤凰山工业开发区	1 744	119 000	432	关闭
南昌县	南昌双春养殖有限公司	南昌县八一乡新坊村	450	5 800	0	关闭
	南昌县生猪定点屠宰厂	南昌县八一乡莲谢西路 8号	120	20 000	97	关闭
	江西国鸿牧业有限公司	江西省南昌县蒋巷镇	9 364	150 000	0	关闭
	江西中洲商贸有限责任公司向塘肉联厂	南昌县向塘镇肖家垅	63	8 500	65	关闭
	江西中州商贸有限公司	南昌县向塘镇思强路	63	26 367		关闭
	南昌热欣养殖实业有限公司	南昌县蒋巷镇三洞村委会	900	18 300	0	关闭
	江西煌上煌集团食品股份有限公司	江西省南昌市迎宾大道1298号	8 037.3	406 500	6 737	关闭
	江西金鼎食品有限公司	南昌县小蓝经济开发区迎宾大道1946号	1 613.8	38 000	150	关闭
	南昌久味食品厂	江西南昌县小蓝工业园金沙一路	80	36 580	280	关闭

地区	企业详细名称	企业详细地址	工业总产值（现价）/万元	工业废水排放量/t	工业废气排放量/m^3	是否关闭
南昌县	江西天禾糖业发展有限公司	南昌县幽兰乡北大街 139 号	500	10 000		关闭
	南昌市龙康豆制品厂	小兰经济开发区 A 区二支路 295 号	207	35 000	420	关闭
	江西赣康食品有限公司	南昌小兰经济技术开发区富山二路 918 号	200	37 000		关闭
	江西龙昌食品有限公司	南昌县小蓝经济开发区金沙三路 468 号	150	46 000	0	关闭
	南昌县小兰倪氏禽蛋加工厂	南昌县小蓝经济开发区	100	28 000		关闭
	南昌明珠食品有限公司	南昌市小蓝经济技术开发区金沙三路	100	38 000		关闭
	南昌县龙宝禽蛋加工厂	南昌县小蓝经济开发区金沙三路	180	38 000		关闭
	南昌县华罗禽蛋加工厂	南昌县小蓝经济开发区 V 区一支路	150	32000		关闭
	南昌杰夫食品工业有限公司	南昌县小蓝经济开发区富山二路 1269 号	480	32 000	140	关闭
	江西红谷食品有限公司	南昌县小蓝经济开发区 V 区一支路以东	120	25 020	50	关闭
	南昌稻香园调味食品有限公司	南昌县莲塘镇曾澄湖中大道 989 号	500	56 000		关闭
	南昌大众制冰有限公司	南昌县迎宾大道 1193 号	3 100	60 000	860	关闭
	南昌县华虹实业有限公司	南昌县小蓝工业园金沙一路 A 区一支路	380	10 000	71	关闭
	南昌市博利达实业有限公司	江西省南昌市小蓝经济开发区江泽大道 151 号	600	183 280	15 783	关闭
	江西省新业实业有限公司	南昌县小蓝工业园汇仁大道	2 900	810 000	5 120	关闭
	南昌市华远针织染整有限公司	南昌县小蓝经济开发区小蓝二路	4 287	614 000	10 000	关闭
	南昌星成针织实业有限公司	南昌县莲塘镇横岗村	600	155 580		关闭
	南昌市鸿达投资发展有限公司	南昌县小蓝经济开发区富山大道 717 号	3 200	71 100	398	关闭
	江西新三兴实业有限公司	南昌县小蓝经济开发区富山大道 555	180	9 500		关闭
	南昌县康乐纸品厂	南昌市南昌县武阳镇	1 048	92 000	998	关闭
	南昌展翅卫生用品有限公司	南昌市南昌县莲塘镇小蓝村	920	390 000	1 210	关闭

地区	企业详细名称	企业详细地址	工业总产值（现价）/万元	工业废水排放量/t	工业废气排放量/m^3	是否关闭
南昌县	南昌县绿源纸品餐具有限公司	南昌县三江镇南区	750	127 498	2 900	关闭
	南昌县小兰荣兴纸品	南昌县莲塘镇梗头村委会	3 000	634 700	6 238	关闭
	南昌县旭亮卫生纸品厂	南昌县八一乡淡溪村	6 000	1 300 000	8 240	关闭
	南昌县莲塘翔欧纸品厂	江西省南昌县莲塘镇莲塘村	520	60 600	748	关闭
	南昌县宏宇造纸厂	江西省南昌市南昌县武阳镇泗洪村	380	30 000	786	关闭
	江西晨鸣纸业有限责任公司	昌北经济技术开发区白水湖工业园	157 313	36 109 815	437 132	关闭
	江西金沙彩印包装有限公司	南昌县小蓝经济开发区富山大道 388 号	564	16 000	0	关闭
	江西省凌锋实业有限公司	江西省南昌县小蓝工业园工业一路	100	10 000		关闭
	江西钜龙纸业有限公司	南昌县小蓝经济开发区富山中大道 26 号	350	17 600	0	关闭
	南昌太阳升实业有限公司	南昌县小蓝经济开发区富山大道 1068 号	210	36 000		关闭
	江西舒美特运动健身器材有限公司	南昌市迎宾大道中段小蓝大道 98 号	600	50 000		关闭
	江西亚洲包装有限公司	南昌县小蓝经济开发区工业二路	1 946	25 331	1 780	关闭
	江西国药有限责任公司	南昌小兰工业园国药大道 888 号	19 024	1 170 000	18 695	关闭
	江西制药有限责任公司	江西省南昌市小蓝工业园汇仁西大道 758 号	11 198.7	830 000	14 778	关闭
	江西南昌制药有限公司	南昌县小蓝工业园富山大道 929 号	2 453	35 000	480	关闭
	中牧实业股份有限公司江西生物药厂	南昌县小蓝经济开发区鑫维大道 368 号	2 517	80 000	200	关闭
	江西省百思特动物药业有限公司	江西省南昌县小蓝开发区汇仁西大道 788 号	600	17 500	198	关闭
	江西双实药业有限公司	南昌县小蓝经济开发区工业大道 468 号	460	10 000	0	关闭
	江西鑫维药业有限公司	江西省南昌市南昌县小蓝经济开发区鑫维大道 292 号	87	2 460	128	关闭
	江西武藏野生物化工有限公司	江西南昌小蓝工业园	9 800	540 000	43 968	关闭
	艾迪亚实业有限公司	南昌县小蓝经济开发区富山一路 588 号	850	27 000	260	关闭

地区	企业详细名称	企业详细地址	工业总产值（现价）/万元	工业废水排放量/t	工业废气排放量/m^3	是否关闭
南昌县	南昌奇鸿包装容器有限公司	南昌县小蓝经济开发区鑫维大道 289 号	425	13 041	0	关闭
	江西康飞塑业有限公司	小蓝工业园金沙三路 519 号	280	4 416	0	关闭
	江西恒立新型建材有限责任公司	南昌县小蓝工业园富山一路 368 号	210	24 000	2 460	关闭
	江西省亚亿玻璃制品有限公司	南昌县小蓝经济开发区汽车大道	1 586	62 000	2 185	关闭
	江铃汽车股份有限公司铸造厂	南昌县小蓝经济开发区迎宾大道 1299 号	23 314.2	325 950	5 626	关闭
	江西省汉毅电子有限公司	南昌县小蓝经济开发区玉湖路 219 号	480	12 568		关闭
	江西京九电源科技有限公司	江西小蓝经济开发区富山路 1388 号	1 500	34 300	7 200	关闭
进贤县	江西省长青国贸实业有限公司	南昌市洪城路 8 号	1 200	110 960	0	关闭
	江西星火机械厂	江西进贤县城郊	2 600	44 000	188	关闭
新建县	江西聪聪乐食品工业有限公司	南昌市新建县开发区工业大道 281 号	550	10 400		关闭
	南昌亚洲啤酒有限公司（第一生产区）	南昌市昌北开发区蛟桥镇	7 023	229 258	5 541	关闭
	江西省女子监狱	南昌市新建县长凌镇长棱村	2 906	196 000		关闭
	南昌市龙然实业有限公司	南昌市长堎外商投资工业区物华路 229 号	600	19 760	170	关闭
	新建县厚田乡社村村民委员会	新建县厚田乡社村	143	1 251	2 940	关闭
	国营新建县璜垦砖瓦厂	望城镇璜溪垦殖场	68	912	1 875	关闭
	新建县航城空心砖厂	石埠乡乌成村委会	90	760	1 878	关闭
	新建县厚田砖瓦厂	新建县厚田乡梅花村	140	1 000	4 000	关闭
	新建县松湖乡砖瓦厂	松湖镇抗援村委会	110	1 240	2 680	关闭
	新建县昌邑乡砖瓦厂	昌邑乡上河村	118	864	2 886	关闭
	南昌富民建材有限公司	樵舍镇塘头村委会	150	1 662	4 361	关闭
	新建县乐化兴乐砖厂	乐化镇案塘村	60	800	1 675	关闭
	新建县鸿福型建材厂	乐化镇黄墩村委会	190	1 622	4 084	关闭
	新建县泉珠砖瓦厂	西山镇泉珠村罗家山	130	1 560	3 264	关闭
	新建县西山镇兴旺砖厂	西山镇龙桥村	156	1 463	4 191	关闭
	华都砖瓦厂	西山镇茅岗村委会	68	938	1 847	关闭
	新建县石岗镇石岗村砖瓦厂	新建县石岗镇石岗村委会	115	969	2 808	关闭

地区	企业详细名称	企业详细地址	工业总产值（现价）/万元	工业废水排放量/t	工业废气排放量/m^3	是否关闭
新建县	新建县流湖乡砖瓦厂	流湖乡莲塘村村委会扶子岗	150	1 130	3 043	关闭
	新建县石岗镇新砖瓦厂	石岗镇南田村委会西石公路旁	95	1 093	2 510	关闭
	石岗金塘砖瓦厂	石岗金塘村委会	60	1 136	2 035	关闭
	石岗朱坊砖瓦厂	石岗朱坊村委会	120	1 056	1 790	关闭
	新建县宏达空心砖厂	樵余舍朱坊村委会	140	1 624	4 341	关闭
	新建县新星建材厂	乐化镇新庄村	90	953	2 047	关闭
	新建县七里岗镇压坝上砖瓦厂	樵舍镇坝上村委会	175	1 586	3 276	关闭
	新建县新兴建材厂	新建县乐化镇新庄村	92	760	2 196	关闭
	新建县乐化长顺砖厂	乐化镇案塘村	150	1 280	2 726	关闭
	新建县福星建材厂	石埠乡毛家山	130	1 126	2 030	关闭
	新建县石岗镇兴岗砖瓦厂	石岗镇环湖路	110	828	2 779	关闭
	新建县石岗镇库泉红砖瓦厂	新建县石岗镇库泉红砖厂	75	1 056	1 895	关闭
	新建县北辰建材厂	生米镇夏宇村委会	74	545	1 590	关闭
	新建县义渡宋氏机砖厂	新建县义渡	152	1 200	3 225	关闭
	昌标建筑材料厂	流湖乡义渡村委会	7	140	416	关闭
	新建县曹家桥江兴砖瓦厂	望城镇三联村委会	150	1 200	3 241	关闭
	新建县象山砖瓦厂	象山镇象山村	90	1 000	2 260	关闭
庐山区	九江市庐山区海会镇瓷土矿	海会集镇	18	7 000		关闭
	九江市恒生肉类联合加工有限公司	莲花镇东城村	63.8	23 200	56	关闭
	杨丽梅豆腐作坊	五里街道南湖社区	40	9 450	55	关闭
	万里豆制品加工坊	五里街道八里村	40	9 450	55	关闭
	九江市庐山区闽桥机砖厂	虞家河大桥村	140		6 000	关闭
	九江市庐山区前进机砖厂	五里街前进路	140		6 000	关闭
	鲁板机砖厂	虞家河鲁板村	114		7 800	关闭
	九江市庐山区五里乡三垅村长拢砖厂	五里街道三垅村	120		6 500	关闭
	莲花双丰机砖厂	莲花镇	164		6 900	关闭
瑞昌市	瑞昌市泰博纺织厂	瑞昌市桂林办事处永积村	1 526.5	1 600 000	1 320	关闭
	瑞昌市兴民苎麻专业合作社	瑞昌市范镇源源村	1 510	1 600 000	1 320	关闭

地区	企业详细名称	企业详细地址	工业总产值（现价）/万元	工业废水排放量/t	工业废气排放量/m^3	是否关闭
德安县	德安吴山何铺机砖厂	江西德安县吴山乡	88	0	1 783	关闭
	德安县丰林镇黄桶新砖厂	德安县丰林镇黄桶村	120	0	2 672	关闭
	德安县聂桥镇新砖厂	德安县聂桥镇	80	0	1 783	关闭

注：表中基础数据由江西省环境保护厅提供。

4.2.3.3 污染企业退出面临的现实困境

一是当地就业对重污染企业退出的障碍。重污染企业关闭后，会直接导致企业员工下岗，对当地就业状况带来较为严重的影响。我国不少龙头企业所在的矿业、纺织、冶金等行业，几乎全部是高耗能、高污染产业。对无法重组、转产的企业予以关闭，退出产业的企业不在少数，失业人数众多。如果我们整治 14 家造纸企业，就影响到 7 842 名企业职工的切身利益。失业的社会影响最易为人们所感受到。失业威胁着作为社会单位和经济单位的家庭的稳定。没有收入或收入遭受损失，家庭的要求和需求得不到满足，户主与家庭关系将因此而受到损害。重污染企业调控及退出带来的失业人口，会对社会的稳定造成极大的影响，也会阻碍重污染企业调控及退出机制的进一步实施。

二是地方经济压力造成重污染企业退出的障碍。相比东部沿海省份，江西省经济水平相对较低，同时鄱阳湖经济区包括的这 25 个县（市、区）经济发展水平也不平衡，财政状况不一。市级财政困难，目前仅能勉强维持现状，个别地区尤其是县级财政甚至寅吃卯粮，财政赤字。重污染企业的调控及退出，会对当地的税收带来一定程度上的打击，也会为当地经济发展和当地财政收入带来较大程度的影响。因此，重污染企业退出对当地经济造成的压力成为重污染企业调控及退出机制有效实施的障碍。如果我们关停 14 家小纸厂后，就有 7 842 多名职工下岗，地方税收减少近 5 282.85 万元。据不完全统计，为治理鄱阳湖环境污染的直接经济损失达 679 204.1 万元。为了重塑青山绿水，鄱阳湖生态经济区关停或搬迁 147 家企业或生产线，此举将直接导致鄱阳湖经济区 640 401.1 万元以上 GDP 直接损失。

三是投资者的障碍。重污染企业的退出，对企业投资者的利益必定有很大的影响。首先，企业无法继续赢利，这对投资者是一种很大的损失。其次，原先投资者对企业投入的固定资产，如土地，房屋，设备等，还在成本回收期的，无法继续回收成本。这对企业投资者也是一种经济亏损。重污染企业的退出势必会引起大部分投资者的不满。据统计，整个鄱阳湖生态经济区共有造纸类企业 21 家，纸和纸板产量占全省总产量的 52%，实现利润总额约 64 040 万元。为达到节能减排的目的，这些企业的退出造成企业投资者的经济损失，来自企业投资者的障碍会制约重污染企业调控及退出机制的有效实施。

4.2.3.4 对重污染企业退出后的补偿措施

首先是要明确补偿主客体和补偿范围。鄱阳湖流域既具有公共产品属性又具有经济外部性，作为公共产品的供给者——各级人民政府应直接担负起退出企业的补偿责任，作为鄱阳湖流域资源的使用者或享受者也要承担付费或付税的责任。其中政府为主要责任主体，涉及中央政府、江西省政府、鄱阳湖流域下游各地政府，特别是鄱阳湖生态经济区所涉及的各县（市、区）。为保证鄱阳湖流域重污染企业的退出能够顺利进行，按照“谁保护，谁受益”的原则，对上述“合法”污染企业的退出必须给予适当补偿，因此，补偿的客体是退出的“合法”污染企业，对违法的污染企业一律不予补偿。补偿范围包括：一是对退出企业的原土地使用权、地上建筑物和附着物的补偿；二是对退出企业搬迁时发生的有关费用和损失的补偿；三是对退出企业职工安置的补偿；四是对其他由于企业关、停、迁而造成的损失，如退出企业固定资产损失、利润损失、当地财政税收损失的补偿。补偿资金的来源可以由中央和地方（省、市）各级人民政府财政专项拨款，地方政府向流域内企业和非政府组织征收的水资源使用费、排污费。

其次是要有合适的补偿方式。坚持以货币补偿为主，同时实施相应的政策补偿。资金补偿是最常见的补偿方式，对鄱阳湖生态经济区来说也是最迫切补偿方式。对污染企业退出的补偿标准目前还没有可借鉴的计算模式，国内试行的都只是按企业缴纳税收的比例进行补偿。在这里我们提出综合考虑企业纳税额、企业总资产和企业职工人数三个因素的货币补偿计算方式，即：

$$Y = \beta_1 X_1 + \beta_2 X_2 + \beta_3 X_3 \tag{2}$$

式中：Y——退出企业的补偿总额，万元；

X_1——企业前三年平均利税额，万元；

X_2——企业总资产，万元；

X_3——企业职工总人数，人；

β_1、β_2、β_3——分别为相应的补偿比例常数，结合流域和城市的具体情况而定。

根据鄱阳湖生态经济区的经济情况，我们取β_1=2，β_2=1。关于β_3 的确定，即退出企业职工安置补偿。在对退出企业的货币补偿中，我们考虑了职工人数这个因素。对退出企业的下岗职工，可以按照江西省人民政府办公厅关于企业下岗职工基本生活保障水平的规定，参照下岗或待岗职工最低生活费标准进行补偿，即南昌市市区、省辖市市区其余县（市）国有企业下岗职工基本生活保障水平为每人每月 182 元、169 元和 143 元；同时加大对失业人员的技能培训和劳动就业及基本养老保障和医疗保险的投入。计算结果如表 4-4 所示。

表 4-4　关闭企业资金补偿表

地区	企业详细名称	企业详细地址	补偿费用/万元
青云谱区	南昌亚洲啤酒有限公司	南昌市青云谱区三店西路 183 号	45 740.6
	南昌市青云谱熊坊漂染厂	江西省南昌市青云谱区熊坊路口	873.060 2
	南昌贤日印染有限公司	青云谱区解放西路 762 号	1 909.488
	上海兽药南昌分厂	南昌市青云谱区三家店南莲路 91 号	106.046 6
	江西洪城水业股份有限公司	青云谱区灌婴路 98 号	17 412.49
湾里区	南昌翠岩食品有限公司	南昌市湾里区招贤路 283 号	42.428 35
	南昌市福顺食品有限公司	南昌市湾里区幸福路 203 号	84.856 7
青山湖区	江西金世纪新材料股份有限公司	南昌经济技术开发区	3 159.822

地区	企业详细名称	企业详细地址	补偿费用/万元
青山湖区	南昌天亮食品有限公司	南昌昌东工业园昌东二路	38.162 44
	江西英雄乳业有限公司	南昌市蛟桥镇英雄开发区	3 115.832
	英博雪津南昌啤酒有限公司	江西省南昌市昌东工业园工业二路	24 845.79
	南昌娃哈哈饮料有限公司	南昌市高新大道958号	4 241.524
	江西润田饮料股份有限公司	南昌经济技术开发区昌北	24 876.54
	南昌娃哈哈食品有限公司	南昌市青山湖区南昌民营科技园	81 822.61
	南昌市郊区白兰针织漂染厂	南昌市青山湖区	318.248
	南昌东琦实业有限公司	昌东工业区石桥路329号	297.031 4
	江西华源江纺有限公司	江西省南昌市青山湖区塘山镇	24 466.9
	江西京东实业有限公司	南昌市昌东工业区昌东一路8号	10 077.85
	南昌市青山湖区创新针织厂	南昌市青山湖区	1 272.992
	南昌市振兴针织漂染厂	江西省南昌市顺外路181号	1 591.24
	南昌市郊区晋裕详针织厂	青山湖区北京东段桃胜工业园	5 091.967
	南昌市郊区威胜针织漂染厂	南昌市青山湖区	1 060.827
	南昌福德隆实业有限公司	南昌市青山湖区	6 895.372
	南昌市华蓉针织漂染内衣厂	南昌市青山湖区	562.238 1
	南昌市春兰针织实业有限公司	南昌市青山湖区	562.238 1
	江西华安针织总厂	江西省南昌市上海路699号	2 258.712
	南昌市青山湖区罗城纸品制造加工厂	南昌青山湖区罗家岗下村委会	1 060.815
	南昌市郊区罗莲纸品制造加工厂	南昌市青山湖区罗家岗下罗家大道	1 060.815
	南昌市郊区义坊造纸厂	南昌市青山湖区	2 121.63
	江西昌九生物化工股份有限公司江氨分公司	江西省南昌市青山湖区罗家镇	43 355.96
	江西昌九化工有限公司	南昌市青山湖区罗家镇	1 060.466
	江西中兴汉方药业有限公司	南昌经济技术开发区青岚大道956号	2 733.881
	江西省圣通药业有限责任公司	南昌经济技术开发区富樱路299号	180.382
	江西昌九康平气体有限公司	南昌市青山湖区罗家镇濡溪村委会	519.628 3
	泰丰轮胎（江西）有限公司	江西省南昌市上海路639号	7 296.186
	南昌中天电气有限责任公司	江西省南昌市火炬三路198号	1 123.782
安义县	南昌市天豫食品有限公司	安义县凤凰山工业开发区	1 590.182
	江西晶安高科技股份有限公司	江西南昌安义万埠镇	24 175.6
	江西锦鹏铝业有限公司	安义县凤凰山工业开发区	1 849.238
南昌县	南昌双春养殖有限公司	南昌县八一乡新坊村	477.182
	南昌县生猪定点屠宰厂	南昌县八一乡莲谢西路8号	127.382
	江西国鸿牧业有限公司	江西省南昌县蒋巷镇	9 926.475
	江西中洲商贸有限责任公司向塘肉联厂	南昌县向塘镇肖家垅	66.962
	江西中州商贸有限公司	南昌县向塘镇思强路	66.962

地区	企业详细名称	企业详细地址	补偿费用/万元
南昌县	南昌热欣养殖实业有限公司	南昌县蒋巷镇三洞村委会	954.182
	江西煌上煌集团食品股份有限公司	江西省南昌市迎宾大道 1298 号	8 520.083
	江西金鼎食品有限公司	南昌县小蓝经济开发区迎宾大道 1946 号	1 710.81
	南昌久味食品厂	江西南昌县小蓝工业园金沙一路	84.982
	江西天禾糖业发展有限公司	南昌县幽兰乡北大街 139 号	530.182
	南昌市龙康豆制品厂	小兰经济开发区 A 区二支路 295 号	219.602
	江西赣康食品有限公司	南昌小兰经济技术开发区富山二路 918 号	212.182
	江西龙昌食品有限公司	南昌县小蓝经济开发区金沙三路 468 号	159.182
	南昌县小兰倪氏禽蛋加工厂	南昌县小蓝经济开发区	106.182
	南昌明珠食品有限公司	南昌市小蓝经济技术开发区金沙三路	106.182
	南昌县龙宝禽蛋加工厂	小蓝经济开发区金沙三路	190.982
	南昌县华罗禽蛋加工厂	南昌县小蓝经济开发区 V 区一支路	159.182
	南昌杰夫食品工业有限公司	南昌县小蓝经济开发区富山二路 1269 号	509.140 2
	江西红谷食品有限公司	南昌县小蓝经济开发区 V 区一支路以东	127.382
	南昌稻香园调味食品有限公司	南昌县莲塘镇曾澄湖中大道 989 号	530.354 4
	南昌大众制冰有限公司	南昌县迎宾大道 1193 号	3 288.197
	南昌县华虹实业有限公司	南昌县小蓝工业园金沙一路 A 区一支路	403.114 1
	南昌市博利达实业有限公司	江西省南昌市小蓝经济开发区江泽大道 151 号	636.495 9
	江西省新业实业有限公司	南昌县小蓝工业园汇仁大道	3 076.397
	南昌市华远针织染整有限公司	南昌县小蓝经济开发区小蓝二路	4 547.763
	南昌星成针织实业有限公司	南昌县莲塘镇横岗村	636.495 9
	南昌市鸿达投资发展有限公司	南昌县小蓝经济开发区富山大道 717 号	3 394.645
	江西新三兴实业有限公司	南昌县小蓝经济开发区富山大道 555	191.22
	南昌县康乐纸品厂	南昌市南昌县武阳镇	1 111.734
	南昌展翅卫生用品有限公司	南昌市南昌县莲塘镇小蓝村	975.949 8
	南昌县绿源纸品餐具有限公司	南昌县三江镇南区	795.611 3
	南昌县小兰荣兴纸品	南昌县莲塘镇梗头村委会	3 182.445
	南昌县旭亮卫生纸品厂	南昌县八一乡淡溪村	6 364.89
	南昌县莲塘翔欧纸品厂	江西省南昌县莲塘镇莲塘村	551.623 8
	南昌县宏宇造纸厂	江西省南昌市南昌县武阳镇泗洪村	403.109 7
	江西晨鸣纸业有限责任公司	昌北经济技术开发区白水湖工业园	166 880
	江西金沙彩印包装有限公司	南昌县小蓝经济开发区富山大道 388 号	598.299 7
	江西省凌锋实业有限公司	江西省南昌县小蓝工业园工业一路	106.182
	江西钜龙纸业有限公司	南昌县小蓝经济开发区富山中大道 26 号	371.192 3
	南昌太阳升实业有限公司	南昌县小蓝经济开发区富山大道 1068 号	222.802 7
	江西舒美特运动健身器材有限公司	南昌市迎宾大道中段小蓝大道 98 号	636.579
	江西亚洲包装有限公司	南昌县小蓝经济开发区工业二路	2 063.408
	江西国药有限责任公司	南昌小兰工业园国药大道 888 号	20 174.3

地区	企业详细名称	企业详细地址	补偿费用/万元
南昌县	江西制药有限责任公司	江西省南昌市小蓝工业园汇仁西大道758号	11 875.84
	江西南昌制药有限公司	南昌县小蓝工业园富山大道929号	2 601.323
	中牧实业股份有限公司江西生物药厂	南昌县小蓝经济开发区鑫维大道368号	2 669.193
	江西省百思特动物药业有限公司	江西省南昌县小蓝开发区汇仁西大道788号	636.279 6
	江西双实药业有限公司	小蓝经济开发区工业大道468号	487.814 3
	江西鑫维药业有限公司	江西省南昌市南昌县小蓝经济开发区鑫维大道292号	92.402
	江西武藏野生物化工有限公司	江西南昌小蓝工业园	10 392.57
	艾迪亚实业有限公司	南昌县小蓝经济开发区富山一路588号	901.790 9
	南昌奇鸿包装容器有限公司	南昌县小蓝经济开发区鑫维大道289号	450.895 4
	江西康飞塑业有限公司	小蓝工业园金沙三路519号	297.060 5
	江西恒立新型建材有限责任公司	南昌县小蓝工业园富山一路368号	222.782
	江西省亚亿玻璃制品有限公司	南昌县小蓝经济开发区汽车大道	1 681.834
	江铃汽车股份有限公司铸造厂	南昌县小蓝经济开发区迎宾大道1299号	24 731
	江西省汉毅电子有限公司	南昌县小蓝经济开发区玉湖路219号	509.170 5
	江西京九电源科技有限公司	江西小蓝经济开发区富山路1388号	1 591.158
进贤县	江西省长青国贸实业有限公司	南昌市洪城路8号	1 272.182
	江西星火机械厂	江西进贤县城郊815信箱	2 759.434
新建县	江西聪聪乐食品工业有限公司	南昌市新建县开发区工业大道281号	583.389 8
	南昌亚洲啤酒有限公司（第一生产区）	南昌市昌北开发区蛟桥镇	7 447.056
	江西省女子监狱	南昌市新建县长棱镇长棱村	3 087.141
	南昌市龙然实业有限公司	南昌市长堎外商投资工业区物华路229号	636.489
	新建县厚田乡社村村民委员会	新建县厚田乡社村	151.762
	国营新建县璜垦砖瓦厂	望城镇璜溪垦殖场	72.262
	新建县航城空心砖厂	石埠乡乌成村委会	95.582
	新建县厚田砖瓦厂	新建县厚田乡梅花村	148.582
	新建县松湖乡砖瓦厂	松湖镇抗援村委会	116.782
	新建县昌邑乡砖瓦厂	昌邑乡上河村	125.262
	南昌富民建材有限公司	樵舍镇塘头村委会	159.182
	新建县乐化兴乐砖厂	乐化镇案塘村	63.782
	新建县鸿福型建材厂	乐化镇黄墩村委会	201.582
	新建县泉珠砖瓦厂	西山镇泉珠村罗家山	137.982
	新建县西山镇兴旺砖厂	西山镇龙桥村	165.542
	华都砖瓦厂	西山镇茅岗村委会	72.262
	新建县石岗镇石岗村砖瓦厂	新建县石岗镇石岗村委会	122.082
	新建县流湖乡砖瓦厂	流湖乡莲塘村村委会扶子岗	159.182
	新建县石岗镇新砖瓦厂	石岗镇南田村委会西石公路旁余爱民	100.882
	石岗金塘砖瓦厂	石岗金塘村委会	63.782

地区	企业详细名称	企业详细地址	补偿费用/万元
新建县	石岗朱坊砖瓦厂	石岗朱坊村委会	127.382
	新建县宏达空心砖厂	樵余舍朱坊村委会	148.582
	新建县新星建材厂	乐化镇新庄村	95.582
	新建县七里岗镇压坝上砖瓦厂	樵舍镇坝上村委会	185.682
	新建县新兴建材厂	新建县乐化镇新庄村	97.702
	新建县乐化长顺砖厂	乐化镇案塘村	159.182
	新建县福星建材厂	石埠乡毛家山	137.982
	新建县石岗镇兴岗砖瓦厂	石岗镇环湖路	116.782
	新建县石岗镇库泉红砖瓦厂	新建县石岗镇库泉红砖厂	79.682
	新建县北辰建材厂	生米镇夏宇村委会	78.622
	新建县义渡宋氏机砖厂	新建县义渡	161.302
	昌标建筑材料厂	流湖乡义渡村委会	7.602
	新建县曹家桥江兴砖瓦厂	望城镇三联村委会	159.182
	新建县象山砖瓦厂	象山镇象山村	95.582
庐山区	九江市庐山区海会镇瓷土矿	海会集镇	19.262
	九江市恒生肉类联合加工有限公司	莲花镇东城村	67.797
	杨丽梅豆腐作坊	五里街道南湖社区	42.569
	万里豆制品加工坊	五里街道八里村	42.569
	九江市庐山区闽桥机砖厂	虞家河大桥村	148.569
	九江市庐山区前进机砖厂	五里街前进路	148.569
	鲁板机砖厂	虞家河鲁板村	121.009
	九江市庐山区五里乡三垅村长拢砖厂	五里街道三垅村	127.369
	莲花双丰机砖厂	莲花镇	174.009
瑞昌市	瑞昌市泰博纺织厂	瑞昌市桂林办事处永积村	1 619.262
	瑞昌市兴民苎麻专业合作社	瑞昌市范镇源源村	1 601.759
德安县	德安吴山何铺机砖厂	江西德安县吴山乡	93.423
	德安县丰林镇黄桶新砖厂	德安县丰林镇黄桶村	127.343
	德安县聂桥镇新砖厂	德安县聂桥镇	84.943
合计			679 204.1

注：重污染企业调控及退出补偿费的基数，为该重污染企业调控及退出前 3 年平均年利润。

从表 4-4 中可以得出，鄱阳湖生态经济区要关闭这些重污染企业至少需要补偿的费用 679 204.1 万元。

政策补偿也是重要的方式。一是退出企业固定资产补偿。退出企业原土地使用权无论以出让还是划拨方式取得，均由管辖区域政府直接收回，按合同剩余年限出让土地使用价格，或按相应的划拨土地价格予以补偿。退出企业房屋按现行评估净值补偿；有关设备补偿标准按照设备评估净值的 25%～50%补偿。二是退出企业税收优惠政策。退出企业经批准出让土地使用权所取得的收入，其土地增值税部分可免征；对原有土地、房屋和设备的转让一律免收行政性收费。按规定时间、采取变更方式实施转让产权、转产、整合升级的企业，变更过程中涉及的各种税费，其地方留成部分全部返还奖励给企业。对妥善安置退出企业（被出售企业法人予以注销）30%以上职工的企业，其所购企业的土地、房屋权属，征收契税减半；安置原企业全部职工的企业契税全免，并享受招商引资优惠政策。对转型或整合升级后的企业（转产新上项目必须符合国家产业政策）三年内国税实行减半征收，地税减免征收。退出企业一年内转产到位的，转产后的新企业各类行政事业性收费予以全部减免。

4.2.4 资金供给机制——资金筹措机制

按照生态环境公共产品属性，鄱阳湖生态经济区生态环境保护建设发生的直接和间接费用原则上应当由政府承担，为此，我们在设计资金筹措渠道时趋向于以政府为主、企业和农户为辅的主体结构。资金筹措中，无论是通过政府担保贷款还是财政预算资金以及其他项目资金，我们同样统一纳入政府筹资的范畴。在鄱阳湖生态经济区生态环境建设和减少贫困项目中，我们设计面向政府的资金需求比例为90%，农户和企业承担10%。在面向政府性资金需求中，政府财政专项承担85%（其中，中央财政承担85%，地方财政实际承担15%），在面向政府需求中，扶贫贴息到户30%，政府财政70%资金。从以上分析可知，鄱阳湖生态经济区减少贫困需要资金总计77.27亿元，按照计算标准，面向政府的资金需求量为69.54亿元，其中，面向政府财政专项需求59.11亿元（其中，中央财政50.24亿元，地方财政8.87亿元）。需要说明的是，上述资金需求计算是一个基于概算的理论数据，没有考虑资金筹措中的一些变数，下面我们就资金筹措机制中的实际需要筹措的资金总量和结构进行设计。

（1）专项扶贫资金的直接筹措。农户层面和社区层面需求资金的筹措主要以中央政府、江西省政府、鄱阳湖流域下游各地政府，特别是鄱阳湖生态经济区所涉及的各县（市、区）的财政专项扶贫资金为主，包括财政发展资金、以工代赈资金和扶贫贷款贴息资金。其中，财政发展资金、以工代赈资金作为财政专项扶贫资金的主要部分，以政府财政资金的70%直接投资为标准，该部分资金总量41.377亿元，为按5年平均分配考虑，平均每年需政府提供的财政性扶贫资金8.275 4亿元。由于财政性扶贫资金在传递过程还存在必要的成本和可能的漏出，假定这部分成本和漏出为10%，实现扶贫目标每年实际需要政府提供的财政性资金为9.194 9亿元，财政总资金为45.974亿元。根据过去的经验，政府财政扶贫资金投入中，中央政府资金要占到85%左右。这样，到鄱阳湖生态经济区的规划期限2015年，中央政府承担39.077亿元，每年需要投入的财政性扶贫资金大体为7.815 7亿元。

（2）贷款贴息资金的筹措。在这些资金需求中，农户种养业开发和劳务输出所需经费很快能够得到直接回报，适合安排扶贫贴息贷款之类的资金支持，这两部分共需资金合计大约为20.863亿元。按照目前中国农业银行的资料，扶贫贴息贷款到户率仅为15%左右，包括所有农户。而事实上由于我国扶贫资金瞄准机制的问题，这些扶贫资金并不是全部到了贫困农户的手中，我们假定其中有50%的资金瞄准了贫困农户，那么，以目前的到户率计算，总共就需要41.726亿元的扶贫贷款贴息，按5年平均每年需要8.345 2亿元。

表 4-5 减少贫困的资金筹措方案

资金来源	合计/亿元	平均每年/亿元
政府财政扶贫资金	87.700	17.54
其中： 1. 扶贫贴息贷款到户金额	20.863	4.172 6
按农行估计到户率计算，需要扶贫贴息贷款总额	41.726	8.345 2
2. 政府财政专项资金额	41.377	8.275 4
考虑 10%的成本和漏出后，政府财政资金总额	45.974	9.194 8
财政资金中来自中央政府（85%）部分（包含全部贴息）	80.803	16.160 6

第 5 章

鄱阳湖滨湖地区
生态环境保护中消除贫困政策研究

内容提要：系统地回顾了我国改革开放以来农村扶贫政策的变化过程和主要内容，定量地评价了江西省及鄱阳湖生态经济区农村扶贫模式和成效，提出了目前的扶贫政策及其政策执行过程中出现的主要问题；系统地阐述了国际扶贫模式及其主要经验，提出了国际扶贫模式对中国反贫困政策的启发点。在上述基础上，重点从生态产业发展带动区域社会经济发展的角度设计了鄱阳湖生态经济区产业发展重点，从创新扶贫模式的角度设计新形势下的鄱阳湖生态扶贫政策和扶贫模式，重点就完善鄱阳湖生态经济区农村社会保障体制提出了具体的政策建议；阐述了加快鄱阳湖生态经济区农村基础设施建设，改善农民生产生活条件达到减少和消除贫困的对策；将生态补偿机制引入生态扶贫政策体系，提出了建立鄱阳湖生态经济区生态补偿机制的工作重点、实施途径以及保障措施。

5.1 农村反贫困政策的实施

5.1.1 改革开放以来扶贫政策的演变

改革开放以来，中国政府的扶贫政策主要经历了四个阶段。

第一阶段：制度改革扶贫阶段（1978—1985 年）。这一阶段的主要特征是依靠制度性变革焕发出蕴藏在农村中的生产力，实现全面的经济增长来缓解贫困。主要是开展了以家庭联产承包制为中心的体制改革，同时大幅度提高农产品收购价格，改善农业交易条件，增加农民收入。1984 年 9 月 30 日，中共中央、国务院联合发出了《关于帮助贫困地区尽快改变面貌的通知》，成立了国务院扶贫开发领导小组，增加扶贫投入，制定优惠政策，在全国范围内展开了有计划、有组织、大规模的扶贫开发工作。由此拉开经济体制改革条件下中国贫困地区经济开发的序幕。

第二阶段：开发式扶贫阶段（1986—1993 年）。随着市场化经济体制改革的深入，20 世纪 80 年代中期以来，在中国高速增长的经济背景下，中央政府决定从救济式扶贫转变为重点扶贫，针对特定人群开始进行目标瞄准，形成以区域性瞄准为主的开发式扶贫。“七五”计划期间划出 331 个国家重点扶持贫困县，由国家投入资金，实行“开发式扶贫”。“八五”计划期间又新增 236 个，使国家实施重点扶贫的贫困县达到 567 个。

第三阶段：扶贫攻坚阶段（1994—2000 年）。这一阶段的主要特征是通过具体的、有针对性的项目开发等方式来缓解农村贫困程度。随着农村改革的深入和扶贫开发力度的不断加大，贫困人口进一步星现出明显的地缘性特征，主要集中分布在西南大石山区、西北黄土高原区、秦巴贫困山区以及青藏高寒区等几类地区。1994 年，中国政府公布了《国家八七扶贫计划》，明确宣布，要集中人力、物力、财力，动员全社会力量，争取用七年时间即在 20 世纪结束前基本上解决中国剩余的 8 000 万人口贫困问题。以《国家八七扶贫攻坚计划》的实施为标志，我国扶贫开发工作进入了一个新的历史阶段。

第四阶段：多元化扶贫阶段（2001 年至今）。这一阶段扶贫工作已由解决温饱为主转入解决温饱和巩固温饱并重的阶段。2001 年国家公布《中国农村扶贫开发纲要 2001—2010》，重新确定了扶贫工作重点，开始以村级瞄准替代县级瞄准。政府在这一时期采取了一系列重大措施以缓解农村贫困，从根本上改善农民生活。劳动力转移培训、整村推进、产业扶贫作为三项重大扶贫措施在全国普遍推广，使贫困地区的状况有了进一步的改善。

至此，我们可以将 1978 年以来的农村反贫困政策演进用图 5-1 来描述。

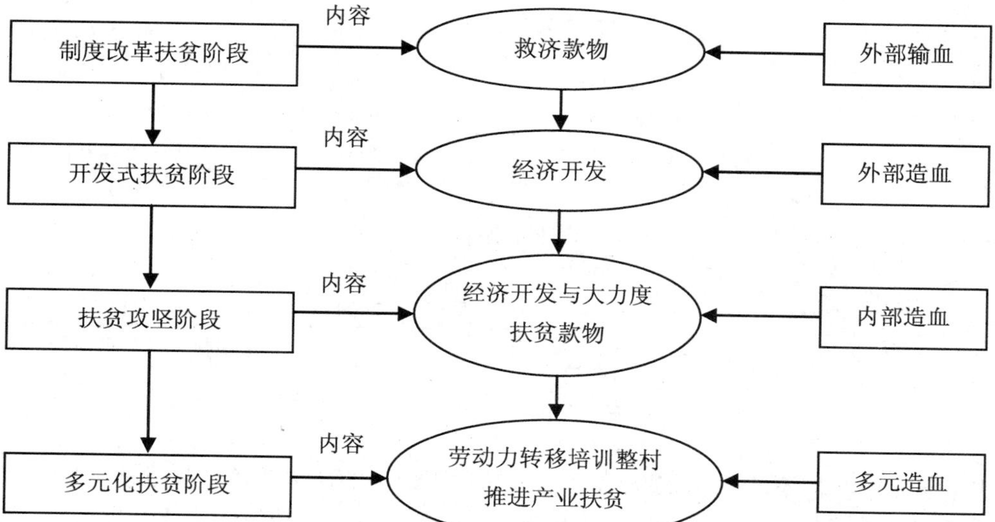

图 5-1　1978 年以来农村反贫困政策阶段演进特征

5.1.2 现有扶贫政策简述

经济的高速增长是鄱阳湖生态经济区减贫的决定性因素。除了经济增长的减贫效应外，政府在农村和城市都制定实施了针对特定地区和特定群体的扶贫政策措施，来帮助贫困地区和贫困人口摆脱贫困。现有的反贫困政策主要包括开发式扶贫政策、社会保障政策以及惠农政策三类（表 5-1）。

表 5-1　现有扶贫政策与扶贫有关的部门政策

政策分类	主要政策	全面实施时间	对象
开发式扶贫政策	移民搬迁	1983	贫困县
	以工代赈	1985	贫困县
	贴息贷款	1986	贫困地区
	财政发挥资金	1986	贫困县
	科技扶贫	1986	贫困地区
	社会扶贫	1986	贫困地区
	贫困地区义务教育工程	1995	贫困地区
	小额信贷	1996	贫困地区
	整村推进	2001	贫困村
	劳动力培训转移	2004	贫困县
	产业化扶贫	2004	贫困地区
社会保障政策	五保户救助	人民公社化时期	农村三无人口
	农村医疗救助	2002	农村贫困人口
	农村低保	2003	农村特贫人口
	农村特贫救助	2003	农村特贫人口
惠农政策	一费制改革	2001	农村中小学
	中小学布局调整	2001	农村中小学
	森林生态效率补偿	2001	生态保护区
	退耕还林和退田还湖	2002	山区、湖区
	粮食生产区粮食、良种和农机补贴	2003	粮食生产区粮食生产者
	新型合作医疗	2003	农村人口
	农村税费改革	2004	农村人口
	农村义务教育改革	2006	农村义务教育阶段的学龄儿童

从表 5-1 中我们不难发现，现阶段面向农村贫困地区的扶贫政策还是以扶贫政策为主。农村采用以开发式扶贫为主的方针，这是与我国农村经济的阶段发展水平相联系的。根据世界银行的最新估计，无论按中国国家统计局的贫困线、低收入线还是按每人每天 1 美元的贫困线衡量，2003 年农村的贫困人口占总贫困人口的比例都超过 99%。在农村人口普遍贫困的情况下，像城市那种以收入补贴为重点的救助式扶贫方式是行不通的，同时在农村像城市一样通过实行全面的社会保障也是行不通的，主要原因是由于地方政府的财政能力不足。因此，连基础教育和基本医疗卫生服务都不能完全保障的农村贫困地区，全面实现以收入补贴为主要内容的社会保障职能是一种奢谈。目前鄱阳湖生态经济区的贫困人口主要集中在江西南部的一些资源环境恶劣、地理位置偏远的贫困地区，采用以区域开发为重点的开发式扶贫是合适的。首先，区域性扶贫开发瞄准的是贫困地区而不是贫困家庭和个人，从而使识别难度大大降低；其次，开发式扶贫的重点是改善贫困地区的生产和生活条件，通过基础设施和公共服务的改善来提高当地的农业和非农业生产效率，从而使农户能

够通过提高效率来增加收入并摆脱贫困。因此，政府只需要集中财力于基础设施建设和公共服务，需要的财政资源相对较少。与此同时，政府主要通过动员和鼓励金融机构为贫困地区和农户的生产活动提供直接的资金支持。最后，以区域为对象进行扶贫开发可以充分利用现有行政管理系统，因而利于降低管理水平。

5.2 现有反贫困政策的评估

5.2.1 县级扶贫资金投入使用情况及整体效果评价

江西省共有 21 个国家扶贫开发重点县，其中，鄱阳湖生态经济区占两个即余干县和鄱阳县。鉴于资料的可得性，考察扶贫资金的使用情况及效益时，我们选取整个江西省扶贫资金的使用进行基础的面上分析，再将鄱阳湖生态经济区的国家重点贫困县作为样本的案例分析，达到点面结合，更具代表性。

5.2.1.1 扶贫资金的投入情况

为了实施农村的开发式扶贫政策，中央和江西省都投入了大量的扶贫资金，一些国际机构、民间组织和其他社会组织也进行了扶贫投资。从 20 世纪 80 年代初期开始，中央政府的主要扶贫资金三个方面（表 5-2）：一是包括 1983 年开始的“三西”建设资金、1986 年增加的财政发展资金和 1997 年增加的新增财政扶贫资金（以下统称为财政扶贫资金）；二是从 1985 年开始投入的以工代赈资金；三是 1986 年启动的由中国银行管理的扶贫贴息贷款。

表 5-2　2004—2008 年扶贫资金投入　　单位：万元

扶贫资金来源	2003 年	2004 年	2005 年	2006 年	2007 年
贴息贷款	32 859.7	23 585.5	23 643	29 752.34	31 226.31
以工代赈资金	16 368.4	20 610.11	20 656.6	17 804.4	14 673.5
财政扶贫资金	14 011.7	19 271.8	21 707.1	25 385.75	28 152.4
中央专项退耕还林工程补助	3 492	4 621.5	3 940.5	5 778.5	4 199.5
省级财政安排扶贫资金	1 721.8	1 455	3 448.9	4 886.45	4 412.5
利用外资	24 959	8 284	4 100	2 542	1 989
其他资金	2 347.87	4 615.18	4 552.62	4 637.74	9 264.87

资料来源：《江西农村贫困监测报告》(2004—2008)。

根据表 5-2、图 5-2 数据统计，2003—2007 年累计使用扶贫资金 444 957.54 万元。其中：贴息贷款 141 066.85 万元，占 32%；财政扶贫资金 108 528.75 万元，占 24%，以工代赈资金 90 113.01 万元，占 20%。这三项资金仍然是扶贫开发重点县扶贫资金的主要来源，占扶贫资金总额的 76%。其中财政扶贫资金一直保持着逐年增长的趋势，2007 年财政扶贫资金的投入是 2003 年近 8 倍。而利用外资的变化趋势就正好相反，近年来持续下降，2007 年利用外资额度仅为 2003 年的 1/10 不到；同样呈现出相反变化趋势的还有贴息贷款资金和以工代赈资金。贴息贷款资金在 2003 年有个小幅度下降，继而保持稳定，从 2005 年开始持续增长；而以工代赈资金是在 2003 年有个小幅度增长后，继而保持稳定，从 2005 年开始持续下降（图 5-3）。总的来看，国家一直在加大对国家扶贫重点县的资金扶贫力度，这也为加快当地脱贫提供了经济基础。

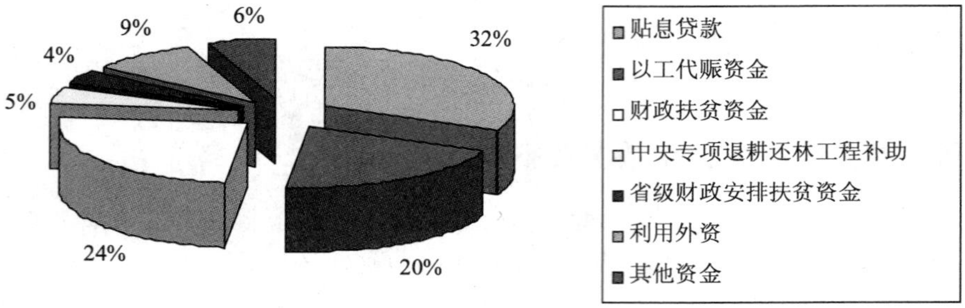

图 5-2 扶贫资金投入结构

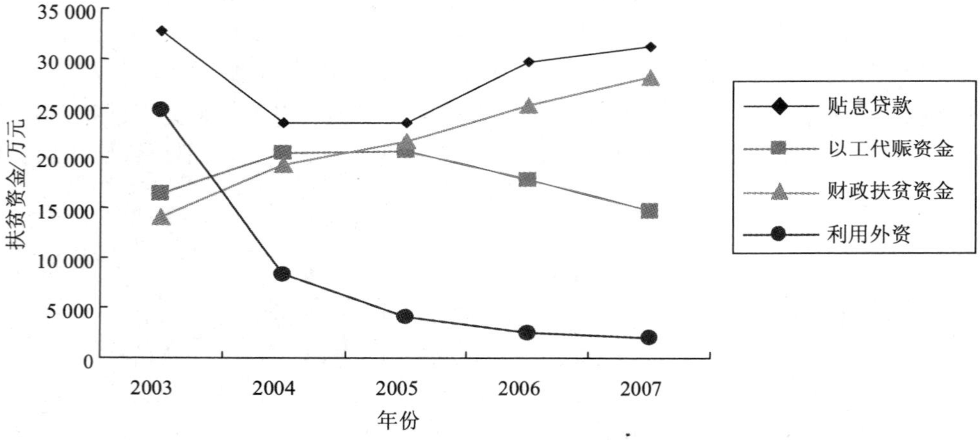

图 5-3 扶贫资金投入趋势

5.2.1.2 **扶贫资金的投向情况**

在 2003—2007 年的扶贫资金投入中，扶贫资金的主要投向在其他（29%）、道路修建及改扩建（20%）、其他生产行业（13%）和种植业（12%）。其余资金投向均低于 10%。扶贫资金整体的投入方向按用途分类主要包括五个方向，分别为：种养业（包括种植业、林业和养殖业）投入占 20%；非农业经济活动（包括农产品加工业和其他生产行业）投入占 17%；物质基础设施（包括道路、饮水、电力、基本农田）投入占 28%；社会基础设施和培训（包括广播电视、学校、卫生室、技术培训、资助儿童入学）投入占 6%；以及其他投入占 29%（图 5-4）。从扶贫资金投入结构来看，如果不考虑不甚清楚的其他资金，基础设施（包括物质和社会基础设施）和生产活动（包括种养业和非农产业）基本上各占一半（表 5-3）。

表 5-3 2003—2007 年扶贫资金的投向 单位：万元

扶贫资金投向	2003 年	2004 年	2005 年	2006 年	2007 年
种植业	12 097.49	6 024.14	7 595.5	10 184.11	17 166.13
林业	3 574.9	4 270.5	4 328.8	5 929	4 716.3
养殖业	793.6	1 330.97	2 627.2	3 661.65	7 022.16
农产品加工	1 326	3 546.7	2 801.3	5 175.2	2 318.5
其他生产行业	23 394	16 123.2	10 179.9	7 155.13	1 764.04
基本农田建设	5 877.99	5 014.04	4 160.4	1 299	3 419.47
人畜饮水工程	802.4	876.8	2 533	2 030.95	1 269.54
道路修建及改扩建	20 185.33	14 368.49	14 742.14	19 244.84	22 770.3
电力设施	3 738.77	839.15	414.42	137.8	1 625.2
广播、电视设施	1 312.85	449.1	237.5	99.2	131.1
学校及设备	1 484.48	1 096.53	1 901.7	818.5	497.06
卫生室及设施	3 124.6	3 257.3	1 392.5	1 032.24	738.21
技术培训/技术推广	1 310.16	946.13	1 699.4	2 431.3	2 309.46
资助儿童入学/扫盲	176.2	71.48	200.36	336.05	140.1
其他	16 561.7	26 028.56	27 234.82	31 252.21	28 030.51

资料来源：《江西农村贫困监测报告》(2004—2008)。

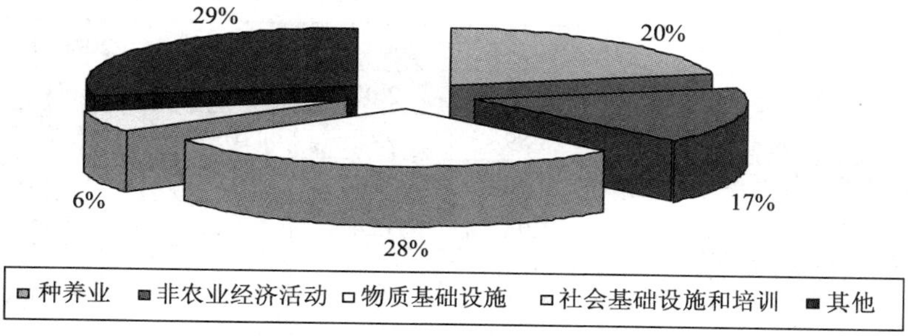

图 5-4 2003—2007 年扶贫资金投入结构

5.2.1.3 扶贫资金的使用效果

从 2003—2007 年的重点县扶贫效果来看，平均每年有约 19 万农户，项目扶持人直接或间接得到不同程度的扶持，扶贫人口数为 85 万人，吸收 13 万个劳动力参加。通过项目扶持，每年新增基本农田约 228 hm^2，新建或改扩建公路里程 4 237 km，新增教育、卫生用房面积 66 370 m^2，解决饮水人数 20 万人，输出劳动力 139 万人（表 5-4）。

将各个分项扶持投入与产出进行比较，可以看出 2003—2007 年间每万元投入的产出除了扶持户数和人口数有所改善外，像投资新建公路里程和饮水人数反而有所减少（表 5-5）。其中可能的原因是扶贫资金还没能充分有效地被利用，因此，产出比并不是很高。这也从侧面说明江西省扶贫资金在使用过程中是否真正用到实处还值得商榷。

表 5-4 2003—2007 年扶贫资金的使用效果

扶贫成果	2003 年	2004 年	2005 年	2006 年	2007 年
当年实施了扶贫项目的村数/个	1 372	1 462	1 525	1 866	1 878
当年项目覆盖的农户数量/户	205 986	170 747	199 895	155 081	259 659
当年项目扶持人口数/人	851 405	776 229	897 875	672 011	1 062 887
当年项目吸收劳动力/人	158 801	124 856	118 983	113 901	161 096
当年得到扶贫贷款的农户数/户	23 469	8 987	10 401	27 038	24 103
新增基本农田/hm^2	338.66	136.5	137.9	246.1	283.37
新建及改扩建公路里程/km	5 820.98	3 093.4	4 251	4 008.93	4 008.93
新增经济林面积/hm^2	10 225.6	7 519.8	8 819.5	4 417.4	5 532.37
新增教育、卫生用房面积/m^2	70 230.4	111 004	78 145	26 184	46 287
当年解决饮水困难人数/人	186 095	267 414	153 643	289 792	134 963
当年解决饮水困难牲畜头数/头	90 070	118 539	101 690	71 263	53 241
当年退耕还林面积/hm^2	16 262.2	19 189	7 744	1 532	1 414.4
当年组织培训参加人次/人	142 419	337 009	317 745	250 538	177 559
向其他地区输出劳动力人数/人	1 201 113	1 264 058	1 474 325	1 494 855	1 533 176
其中：向外省输出劳动力人数/人	972 988	1 055 169	1 219 599	1 305 211	1 256 510

资料来源：《江西农村贫困监测报告》(2004—2008)。

表 5-5 2003—2007 年扶贫资金投入产出变化

	2003 年	2004 年	2005 年	2006 年	2007 年
每万元投资扶持农户数/户	2.15	2.07	2.44	1.71	2.76
每万元投资扶持人口数/人	8.89	9.42	10.94	7.40	11.32
每万元投资新建或改扩建公路里程/km	0.06	0.04	0.05	0.04	0.04
每万元投资解决饮水人数/人	1.94	3.24	1.87	3.19	1.44

资料来源：《江西农村贫困监测报告》(2004—2008)。

5.2.2 鄱阳湖生态经济区农村扶贫模式及扶贫效果评价

鄱阳湖生态经济区规范范围内的 25 个县（市、区）属于全省农村扶贫开发重点村的共计 363 个，其中：湾里区 3 个；南昌县 8 个；新建县 12 个；安义县 9 个；进贤县 10 个；浮梁县 7 个；乐平市 4 个；九江县 5 个；武宁县 9 个；永修县 17 个；德安县 2 个；星子县 12 个；都昌县 40 个；湖口县 7 个；彭泽县 8 个；瑞昌市 16 个；东乡县 2 个；余干县 83 个；鄱阳县 97 个；万年县 12 个。目前，鄱阳湖生态经济区的开发式扶贫政策主要是将整村推进、产业化扶贫和劳动力输出培训作为 21 世纪扶贫工作的三个重点，扶贫到村成为现阶段鄱阳湖生态经济区扶贫工作的一个重要特点，那么到底就这三项主要开发式扶贫措施进展如何，取得的初步成效如何呢？下面我们就此问题做简要的分析。

5.2.2.1 整村推进：参与式社区综合发展在中国的实践

（1）整村推进扶贫模式特点。整村推进扶贫模式在资源整合、机构协调、项目衔接、持续发展、民众参与等方面显示出了明显的优势，作为开发式扶贫发展最新阶段的整村推进模式具有强大的生命力。整村推进模式的生命力来自于其理念和机制上的一系列创新，而制度创新正是开创中国扶贫新局面的根本出路。整村推进是利用较大规模的资金和其他资源，在较短的时间内使被扶持的村在基础和社会服务设施、生产和生活条件以及产业发展等方而有较大的改善，从而使贫困人口在整体上摆脱贫困，同时提高贫困社区和贫困人口的综合生产能力和抵御风险的能力。整村推进具有以下特点：一是扶贫投资以贫困村为瞄准对象，比起前一阶段以贫困县为瞄准目标，瞄准贫困人口的准确程度有所提高；二是计划实施的主要目的之一是为了改变过去撒“胡椒面”式的项目资金安排办法，提高资金使用的效率和规模收益；三是将参与式的方法广泛地用于贫困村的确定和扶贫项目的选择上，特别是在确定具体扶贫项目时考虑农民的利益和需求，而不像过去那样由上级政府决策；四是由于资金所限，每年需确定一定比例的贫困村作为年度整村推进村，待这些村脱贫之后，转移到另外的贫困村实施整村推进计划。整村推进计划实施的主要项目包括道路、饮水、沼气、学校、移民搬迁和产业开发 6 类。

（2）鄱阳湖生态经济区整村推进扶贫政策实施的效果。总体来看，以村级扶贫规划为基础的整村推进已经取得明显的进展。根据我们对鄱阳湖生态经济区所在的 25 个市（县、区）的统计，启动整村推进的贫困村一共有 386 个，占全省“十一五”期间实施整村推进扶贫开发计划重点村总数 1 800 个的 21.45%（表 5-6），涵盖了鄱阳湖生态经济区所有的农村扶贫开发重点村，其中鄱阳湖生态经济区的两个国家贫困县参加整村推进的扶贫重点村共计 180 个，占整村推进贫困村数量的 46.63%，接近一半。

表 5-6　鄱阳湖生态经济区“十一五”期间整村推进扶贫开发重点村名单

地区	重点村个数	实施整村推进扶贫开发计划重点村名单
鄱阳县	117	南滨村、中心村、段坂村、张玲村、古北村、滩上村、便民村、马坂村、荷塘村、柘港村、九虞村、桥头村、同兴村、潼莲村、莲北村、新兴村、河西村、铁炉村、长山村、洋埠村、山阎村、东高村、青泥村、埠丰村、高峰村、莲湖村、蒋坊村、慕礼村、下岸村、高桥村、毛家村、孙坊村、山背村、龙头山村、双桥村、下常村、利池湖村、河东村、章刘村、杨源村、观前村、龙阳村、付林村、占墩村、西山村、金鸡村、暖湖村、官田村、杨梅桥村、西门村、姚公渡村、芝田村、任家村、桂湾村、李家村、舒埠村、六塘村、户里村、桥南村、华龙村、三门村、同心村、周家村、丰塘村、小渡村、马湖村、董坪村、胡赵村、徐家村、新联村、金竹村、马头村、后屋村、莲山村、金源村、舍头村、丰源村、南山村、马家村、园艺村、高源村、板桥村、清泉村、共和村、程塘村、车廊村、合录村、黎岭村、城墩村、侯家岗村、狮子门村、大塘村、李咀村、龙尾村、新建村、化民村、北门村、长岭村、四合村、长山村、董家弄村、团湖村、胡家洲村、松霞源村、潼湖村、安居村、毛坊村、山源村、古塘村、坂程村、石柱村、三坂村、联兴村、新桥村、古竹村、南源村
余干县	64	新塘村、建设村、桥里村、楼埠村、杨源村、闵坊村、青林村、坂坞村、在源村、甘泉村、江坪村、汤源村、长吉村、童埠村、禁山村、邱家村、袁墩村、高门村、挂口村、干港村、涂坊村、阮家村、王家村、排头村、墩上村、利背村、洪贤村、江坊村、小埠村、尧家咀村、塘西村、刘家村、源头村、后湖村、上曹村、后山村、后沿村、江一村、坂上村、徐家村、润溪村、民安村、枫港村、石溪村、李湾村、枫林湾村、畈一村、油源村、蒋坊村、学源村、维城村、畈二村、劳动村、团林村、沿河村、港背村、五菱村、枧头村、东二村、大山村、胜利村、东塘村、桃源村、里溪村

地区	重点村个数	实施整村推进扶贫开发计划重点村名单
万年县	12	李家村、五一村、兰塘村、后张村、上汪村、跳上村、塘背村、中洲村、周家村、坂民村、苏桥村、富林村
乐平市	4	杨溪村、江村、戴村、朱坞村
浮梁县	7	柘坪村、潘溪村、槎口村、柏林村、南溪村、东港村、南泊村
东乡县	2	北庄村、曾家村
都昌县	63	旧山村、左里村、永华村、马安村、合岭村、石城村、马矶村、杨岭村、白果村、平塘村、茅垅村、阳港村、酒坊村、红桥村、新妙村、大埠村、大树村、枫田村、岭上村、义公村、水产村、黄金村、黄香村、南垅村、三里村、左桥村、茅岭村、黄岗村、双垅村、盘湖村、输湖村、棠荫村、塘口村、茭塘村、茅垭村、小港村、长山村、官洞村、化民村、刘云村、港东村、冯梓桥村、老屋村、竹峦村、西湖村、民丰村、杨桥村、株桥村、曹伉村、新兴村、井头村、丁峰村、七里村、龙圳村、万年村、里泗村、大田村、洛阳村、官桥村、凤凰村、中馆村、潭里村、乌沙村
永修县	17	张公渡村、何岭村、鄱坂村、杨春村、竹岭村、坂上村、阳山村、高桥村、朱村、前进村、屋场村、林丰村、永丰村、爱群村、永光村、同兴村、阳门村
瑞昌市	16	北港村、吴家村、高塘村、张坊村、花园村、油市村、张家铺村、迪畲村、燕山村、罗城村、界首村、前程村、风坪村、新桥村、大林村、三金村
星子县	12	青山村、开福寺村、龙溪村、新宁村、梅溪村、波湖村、花桥村、南阳坂村、幸福村、翻身村、庐山垅村、关帝庙村
武宁县	9	泉溪村、山坪村、金盆村、新溪村、白水村、南岳村、吴湾村、堰下村、大堰村
彭泽县	8	双港村、平坂村、白莲村、泊桥村、柳墅村、海形村、大桂村、裕丰村
湖口县	7	大垅村、联丰村、枫树村、屏峰村、流芳村、程山村、菱塘村
九江县	5	团洲村、联洲村、金兰村、石桥村、岷山村
德安县	2	源口村、大岭村
南昌县	8	新图村、富盛村、蔡家村、东游村、秋溪村、青岚村、新洲村、大港村
新建县	12	上埇村、大庄村、小桥村、新洲村、詹杨村、下坊村、张仪村、庆新村、东红村、罗山村、鲁田村、胜利村
进贤县	10	南台村、上塘村、盈塘村、盛家村、彭桥村、桂花村、太平村、柯溪村、义垅村、白歧村
安义县	9	黄洲村、圳溪村、茅店村、长埠村、上桥村、罗丰村、峤岭村、花园村、塘口村
湾里区	3	南溪村、太平村、南岭村

村级扶贫资金的投入情况。截至2007年底，鄱阳湖生态经济区规范范围内的25个县（市、区）总人口为1 345.73万人，而其所覆盖的363个重点贫困村有人口83.03万人，占总人口的6.17%，覆盖了整个地区80%的贫困人口。可见其贫困村人口的覆盖范围相对总人口的范围还是比较小的，但是相对于贫困人口的覆盖范围却是比较大的。

从扶贫资金的投入来看，在2004—2007年这连续的四年里，除了2006年以外其余三年的扶贫资金总额呈现出一个逐年下降的趋势，但是在2006年扶贫资金有一个突然的上升，达到105 815万元，是2004年扶贫资金的15倍左右，2005年的20倍左右，2007年的32倍左右。从来源看，2006年扶贫资金突然的增加主要是由于这年鄱阳县和万年县的扶贫资金突然大幅度增加导致的。据统计2006年鄱阳县重点村收到的扶贫资金的高达34 800万元，是2007年（330万元）的105倍还多，2006年万年县重点村收到的扶贫资金高达 68 018 万元，是 2007 年（133.7 万元）的 508 倍还多。

表 5-7　2004—2007 年滨湖区重点贫困村基本情况

年份	总户数	总人口/人	当年需要救济的农户		当年收到救济救灾款物/万元	当年收到扶贫资金总额/万元
			户数	占总户数的比重/%		
2004	130 777	565 942	9 439	7.22	1 135 273	6 889.59
2005	131 601	569 924	9 646	7.33	1 427 349	5 377.86
2006	180 389	818 835	44 492	24.66	1 430 352	105 815
2007	188 902	830 303	12 726	6.74	1 921 595	3 315.66

数据来源：《江西农村贫困监测报告》（2005—2008）。

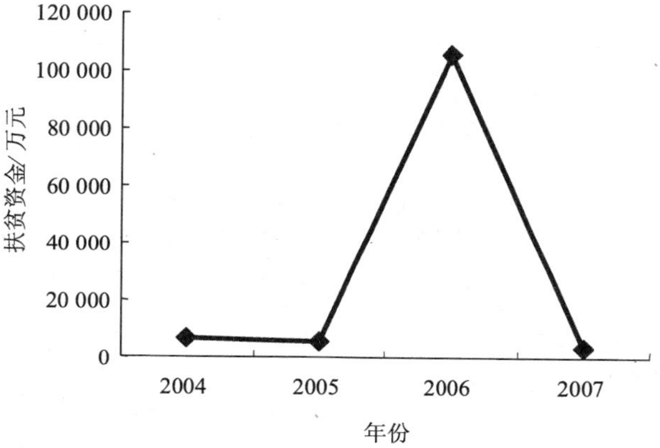

图 5-5　2004—2007 年滨湖区重点贫困村扶贫资金投入情况

尽管整村推进因资金不足而进展较慢，据估算，全国每个村彻底脱贫平均需投入资金 200 万元左右，目前平均投入仅为几十万元。但各类扶贫项目的实施，使贫困村各方面的生产、生活条件得到了明显的改善，多数农民的收入因此也得到了显著的提高。整村推进的效果还是十分明显的。根据我们在鄱阳湖生态经济区的两个样本县的典型调查证明，2004—2007 年期间，全部样本中整村推进村和非整村推进村的收入增加额完全一样，而贫困县内的整村推进村的收入增加额要高于非整村推进村 22%（表 5-8）。这表明，开始扶贫投资的整村推进村的收入增加幅度要远远高于还没有开始整村推进的贫困村，而且已经赶上或超过了非贫困村的收入增加幅度。在整村推进进展顺利、投资量较大的贫困村，全村农民人均纯收入在短期内能有较大幅度的提高。

表 5-8　整村推进村和非整村推进村的农户的收入增长比较（2004—2007 年）

类型	纯收入的增加额/（元/人）	总增长率/%	年均增长率/%
所有整村推进村	455.51	23.72	7.91
所有非整村推进村	455.23	14.90	4.97
贫困县内整村推进村	367.21	25.08	8.36
贫困县内非整村推进村	300.85	19.23	6.41

5.2.2.2 产业化开发扶贫效果分析

1986年以后，中国政府每年拨出144亿元专项资金进行开发式扶贫，即变“输血”为“造血”，目的在于提高贫困人口的劳动能力，让他们的脱贫努力能保持可持续发展。产业开发扶贫是开发式扶贫的主要形式，其内容包括确立主导产业，建立生产基地；提供优惠政策，扶持龙头企业；通过龙头企业带动，实现企业与农户共赢等。主要政策包括国家龙头企业的资格认证和管理政策，以及为国家级扶贫龙头企业提供财政、信贷、税收、土地使用等方面的优惠政策。利用扶贫专项贴息贷款资金支持，鄱阳湖生态经济区重点规划了扶贫产业发展，建立了10个以上生态扶贫产业示范项目，50余家生态产业龙头企业，扩大扶贫产业连片开发试点，集中支持10个以上主导产业形成规模化发展；筹集整合各类社会扶贫投入增幅10%以上，达到10亿元。在实施产业化扶贫中，多渠道促进项目建设，因地制宜发展各具特色的产业化扶贫模式，如九江市重点规划“两水”产业，指导并扶持贫困农户发展水产、水果实现增收。据相关部门统计，2009年，九江市共安排财政扶贫资金987.19万元用于产业化扶贫，带动农户27 650户、12万余人，人均增收300多元。同时各县（市）根据各自优势，采取相应的办法，发展“一村一品”。如都昌、湖口的网箱养殖，瑞昌的生猪、獭兔养殖等，使扶贫开发地区初步形成了“一乡一业，一村一品”的产业发展格局，带动了更多的贫困户实现增收。仅南昌市在重点村就打造了14个扶贫主导产业示范点。据粗略估计，近年来，鄱阳湖生态经济区扶贫带动农产品基地规模达到250万亩，受益贫困农户人均增收170多元。

5.2.2.3 劳动力培训转移——让贫困人口享受经济增长的好处

随着中国经济增长和结构变化，中国劳动力市场供需状况出现了结构性短缺。一方面，部分东南沿海发达地区出现了“民工荒”，技术工人短缺；另一方面，中西部地区有大量文化程度低，没有经过技术培训的农村劳动力转移就业困难。2004年8月，国务院扶贫办发出《关于加强贫困地区劳动力转移培训工作的通知》，贫困地区劳动力转移培训工作正式开始，劳动力转移培训成为中国农村扶贫开发纲要实施后提出的三大扶贫工作重点之一。如果说整村推进是试图在贫困地区通过各类扶贫项目的综合开发，提高当地的生产力水平和生产效率，从而提高贫困农户的收入并使之脱贫。而劳动力培训转移则是试图通过提高贫困地区劳动力的素质和技能，并帮助他们在城市和发达地区获得非农就业的机会，从而迅速提高被转移劳动力及其家庭的收入和生活水平。

鄱阳湖生态经济区实施的劳动力培训转移计划——“雨露计划”，主要是汇集贫困区农民的，重点是16～35岁具有小学文化程度的贫困农民，培训时间一般为1～6个月，国家大体一个农民培训补贴800～1 000元，以基本技能培训为主。据统计，连续几年来，平均每年鄱阳湖生态经济区贫困地区培训转移的农村劳动力都在4万人以上。如九江市组织工业园区企业开展“送就业岗位下乡”活动，还走出去与深圳高级技工学院签订合作办学协议，从都昌选派27名贫困户子女到该院培训，并全部落实在深圳就业，这些扶贫活动都产生了良好反响，深受农民欢迎。

5.3 现阶段农村反贫困政策存在的问题

通过前面的分析可知，现阶段鄱阳湖生态经济区主要是以促进特定地区贫困人口提高自我发展能力的“开发式扶贫”政策为主。这种扶贫政策最显著的特点是：第一，扶贫的对象是特定的贫困区域；第二，强调通过扶助贫困地区乃至贫困村、贫困户就地提高生产能力来脱贫。以上这两个特点实际上也决定了这种扶贫政策的第三个特点，即开发式扶贫所“开发”的产业只能是以农业为主，因为贫困地区本来就不可能是非农产业发达地区，而且以单个贫困农户为生产扶持对象，也只能主要扶持他们发展农业生产。这种政策从国家扶贫资金的用途上具有集中体现，即国家扶贫资金的主要用途是在帮助贫困地区农民发展农业生产方面。

这种扶贫政策在一定程度上帮助了贫困人口脱贫，但同时也对生态环境总体质量造成了极大的破坏。这说明现阶段农村反贫困政策确实存在着某些问题，具体体现在以下几个方面。

5.3.1 区域经济增长政策的瞄准机制出现偏差

我国政府自 1986 年开始实施的农村反贫困战略，是以促进贫困人口集中区域经济发展来实现稳定减缓和消除贫困的战略，即区域瞄准战略。区域瞄准的扶贫政策在一定程度上采用的是地区经济发展的“涓滴”战略，其基本思路是通过发展地区经济，使经济增长的利益或成果自动流向贫苦户和贫困人口。地区经济的发展有助于该地农村贫困的减缓，有助于农民生活水平的提高。农村的脱贫更多的是由该地区经济发展所产生的“辐射效应”与“扩散效应”的结果，而非来自另一个地区的经济发展。按照“涓滴”理论，贫困地区经济发展的成果会自动惠及贫困群体，即贫困人口会随着贫困地区的经济增长而逐渐减少直至消失。然而，这一战略容易出现偏差。因为贫困区域内的贫困人口仅占全部贫困人口的一半，国家将其扶贫的资源重点甚至全部转移给国家确定的贫困地区，容易引起对非贫困地区贫困人口的忽视，因为有大部分的农村贫困人口分散在国家确定的非贫困县。即使是在贫困县内部，贫困县内各乡镇间的经济发展水平和农民收入也存在一定的差异，贫困县的农民并非全是贫困人口。在这种情况下，如果没有严格的监督和制约，国家提供的扶贫资源就有可能流入贫困县内的非贫困乡镇和非贫困农民。尽管国家政策的制定和实施都有其明确的目的，但结果并不是它所能控制的。区域经济的增长政策并没有对贫困人口产生“涓滴效应”和“扩散效应”，反而在政府农村反贫困行动中出现了“效益外溢”情况。区域之间和区域内部贫困人口和非贫困人口之间的差距没有得到缩小，反而出现了“富者越富，穷者越穷”的“马太效应”，引发社会稳定隐患。

5.3.2 农村财政扶贫管理政策的缺失

对于贫困，我国在理论上和实践上，主要是指绝对贫困，所以农村财政扶贫政策一直都主要是消除绝对贫困即解决贫困人口的温饱问题。财政对于农村的扶贫事业，主要是指资金投入和财税优惠政策。长期来看，农村经济资源开发式扶贫并未能从根本上解决农村贫困人口的经济收入问题。主要原因是农村财政扶贫存在着两大困境：第一，农村财政扶贫投入资金总量逐年增长，但是相对于实现扶贫目标的资金需求而言，显得投入不够。第二，财政转移支付项目与扶贫目标偏离，可能的原因是扶贫项目选择不当等原因影响了资金使用效率，表现为中央财政相关工作做得不到位，造成一些项目本身与贫困地区的实际情况相脱节，财政转移支付项目集中使用，企业化运行，不能使贫困农户受益。第三，项目资金管理存在不容忽视的问题。近年来，国家针对扶贫资金拨付、使用和管理相继出台了《财政扶贫资金管理办法》、《财政扶贫资金报账制管理办法》等规定，为规范财政扶贫资金使用管理，防止挤占挪用等问题的发生发挥了积极的作用。但在实际操作中，因财政扶贫资金管理机制不够完善，加之监管不到位，导致扶贫资金管理使用中存在着不少问题，严重制约着资金效益发挥。具体表现：一是扶贫项目零星、资金投放分散。调查发现，有为数不少的基层单位，是靠关系、人情上项目要资金，多的十来万，少者一两万。资金投放相对零散，资金安排诸如养殖、种殖、修坝垫地、小流域治理、人畜饮水工程等，分散的资金使扶贫项目的开发难以形成规模。改变资金投向、挤占挪用的情况时有发生，致使扶贫开发项目效益低下。二是财政扶贫资金监管不到位。资金主管部门只注重报账单位原始票据的合规性、合法性，忽视了对票据真实性的审核。项目主管部门又不能做到随时随地监督项目的具体实施情况，导致出现项目实施单位和报账人员报账时提供虚假内容原始发票的问题，造成项目报账支出与实际业务支出明显不符，使报账支出失去了真实性，给一些项目实施单位弄虚作假、开具虚假发票套取资金用于非项目开支提供了可乘之机。另外，由于扶贫项目多，涉及范围广，实施时间长短不一，资金投放相对零散，纵向县、乡、村以至户，横向各项资金安排如养殖、种植、修坝垫地、小流域治理、人畜饮水工程等，目前的管理机制是各自为战，互不通气，加之管理人员过少在精力上顾此失彼，忙于事务性、程序性的工作，没有时间或者只有极少时间深入基层进行调查、核实。监管不力，给弄虚作假者造成可乘之机，诸如项目不实施，相关资金被以虚假的花名册套取后挪作他用的行为时有发生。三是认识引导、技术培训滞后。农村、农民生活贫困问题，除了自然、生态、环境条件恶劣以外，几千年来的小农经济自给自足观念，先进的、科学的生产养殖技术贫乏是主要原因。在扶贫开发工作中，迫切需要对贫困人口加以引导，进行必要的学习培训，以更新观念，掌握技术。但是由于各种原因，引导、培训工作并没有引起管理部门的重视。特别表现在引进新品种、开拓新项目时，让广大农民掌握一定的方法、技术，显得尤为重要。此外，从我们调查了解的情况看，目前扶贫资金运行还存在资金到位迟。整村推进、产业开发等项目关键在春季实施，而项目资金一般在七八月份才能到位，尽管一些地方采取了贷款、拆借、自筹等手段超前启动建设，但仍不能满足按计划实施的需求，贻误了农时，错过了周期，影响了当年项目建设进度。

5.3.3 农村贫困人口人力资本投资缺失

人力资本投资主要包括对正规教育、在职培训、健康保健支出以及个人和家庭根据工作变化而发生的迁移支出等。农村反贫困战略调整并没有将人力资本的投资和积累作为战略重点来考虑。农村贫困除了收入较低以外，还表现出如营养健康不良、卫生条件差等深层次的贫困。按照人力资本与贫困之间的关系，贫困者自身素质的提高、能动性的发挥以及有效地参与才是实现真正脱贫的根本条件。目前农村贫困人口人力资本存量低的现状使得农村反贫困的成果巩固难度加大。第一，农村劳动力数量大，但受教育程度低。农村劳动力数量是丰富的，但是从农村劳动力受教育程度看，我国农村人力资本的绝对水平和相对水平都比较低。第二，农村贫困人口缺乏专业技能和职业技术培训。对于大多数农村劳动力而言，接受专业技能培训对于提升农村人力资本更具有意义。一般的农业科技培训的内容多是农业适用技术，掌握了这些技术，农民可以提高种植和养殖水平，直接促进劳动生产率的提高，从而达到农业增产、农民增收的目的。目前对农村劳动力的专业技术培训十分薄弱，很多农民终身没有接受过职业培训，也没有参加过任何培训活动。农村贫困人口的文化素质跟不上先进技术发展的水平，难以摆脱贫穷困境。第三，农村劳动力身体素质较差，用于健康方面的支出少，农村居民享受的公共卫生医疗相对于我国的经济发展水平而言严重滞后。一是农村公共卫生投入严重不足。二是卫生资源分布不合理，农民健康状况明显低于城镇居民。三是农村卫生人员素质低，人才匮乏。四是新型农村合作医疗制度实施举步维艰。

5.3.4 农村社会保障制度缺失导致返贫现象加剧

由于自然灾害和突发疾病，部分脱贫农民极易返贫，一些农户则因贫病交加导致贫困恶性循环。近年来，政府在大力推进城镇社会保险制度建立和完善的同时，也开展了对农村社会养老保险、医疗保险和最低生活保障等制度的试点，并逐步在农村推广试行。从实践的效果来看，除了最低生活保障制度在一些经济较发达地区初见成效外，大部分地区不仅养老和医疗保险制度建设仍然严重滞后，而且以土地保障为依托的农村传统家庭保障制度，也受到人口老龄化等一系列外在因素的冲击面临空前的危机。农村社会保障政策存在的缺陷导致返贫现象严重。

5.3.5 扶贫行动缺乏非政府组织和贫困人口的参与

农村反贫困政策往往具有“自上而下”的特征，扶贫工作“多数是政府行为而不是社会行为”。这种政府主导的扶贫之路虽然有利于调动资源，但是容易使中央政府和地方政府出现博弈行为导致政策低效性。一是在公共支出的安排方面，中央政府的反贫困公共支出占有政府反贫困支出的比重过高，地方政府安排的反贫困支出比重过低，有些地区无法达到中央政府提出的配套不低于30%的要求，甚至还出现拖延财政扶贫资金拨付和挤占、挪用中央财政资金的情况。二是在扶贫项目的选择上，地方政府往往考虑的重点是如何加快地方的国民经济的增长，导致财政扶贫资金和信贷资金安排工业项目和一些大型项目较多。三是由于地方政府和中央政府在经济发展、反贫困等方面的具体利益不完全相同，因此，无论是在政策、任务，还是资金的传递过程中，“走样”的现象也就不可避免。在社会主义市场经济发育与发展过程中没有建立起扶贫的激励机制，由于扶贫机会成本过高而致使政府之外的社会力量很少有愿意主动承担扶贫义务的。与行政力量相比，非政府组织在扶贫中的作用仍然处于边缘地位。此外，在贫困地区，贫困农户在扶贫项目的选择、决定和实施过程中，大都处于被动的接受和服从地位，缺乏有效参与。

5.4 国际扶贫模式经验借鉴

5.4.1 国内外扶贫主要模式及其特点

王卓（2004）将国际上较为成熟的扶贫模式分为三类，即以巴西、墨西哥扶贫模式为代表的“发展极”模式；以印度、斯里兰卡扶贫模式为代表的“满足基本需求”模式；以欧美国家为代表的“社会保障方案”模式。下面我们分别介绍不同扶贫模式的特点。

5.4.1.1 “发展极”模式

发展极（development pole）理论是法国经济学家 F. 佩鲁（Francois Perroux）1955 年在《略论发展极的概念》中提出的。所谓发展极就是基于不发达地区资源贫乏状况和非均衡经济发展规律，由主导部门和有创新能力的企业在某些地区或大城市聚集发展而形成的经济活动中心，这些中心具有生产、贸易、金融、信息、服务、决策等多种中心功能，好似一个“磁场极”，能够对周围产生吸引和辐射的作用，促进自身并推动其他部门和地区的经济增长。王卓（2004）通过对巴西的“发展极”战略实施绩效的分析，得出了“发展极”扶贫模式能够通过极化或扩散效应带动周围贫困地区的经济发展，并以经济增长方式促使贫困地区的贫困人口自下而上地分享经济增长的成果，能够缓解区域性的贫困状况。

执行发展极战略的还有墨西哥、智利、哥斯达黎加、委内瑞拉、哥伦比亚和巴基斯坦等国家。

王俊文（2009）在《国外反贫困经验对我国当代反贫困的若干启示——以发展中国家巴西为例》中，阐述了发展中国家贫困基本特征及反贫困措施，这些措施包括实施特别计划、区域开发政策和传递系统建设。文章重点研究了巴西扶贫中“发展极”战略的实施与运行，巴西的主要做法是：建立基于“发展极战略”的反贫困战略模型，对确定的目标“发展极”给予重点投资，并制定特殊的优惠政策。主要有：①建立专门开发机构指导、组织、实施落后地区开发，并形成自上而下的国家干预体系；②制订推行各种落后地区开发计划；③实行各种鼓励政策，促进“发展极”建设。

尚玥佟（2001）对巴西贫困的原因进行了分析，认为巴西贫困的原因有以下五点：①殖民主义和帝国主义的掠夺与统治；②盲目追求经济增长的发展战略；③收入分配不公；④区域发展极不平衡；⑤教育水平低下。文章以几个实际案例介绍了巴西实施“发展极”的反贫困政策，并认为巴西实施的反贫困战略使贫困人口比重下降，贫困人口人数减少。巴西在反贫困方面所采取的政策措施：①农村土地改革；②北部农业发展计划和全国一体化计划；③迁都巴西利亚；④最低收入保证计划。

吴金光（1996）在《墨西哥扶贫》一文中，介绍了墨西哥为扶贫而开展“团结互助”国家工程。“团结互助”国家工程主要包括社会福利、生产和地区发展三个方面。主要做法是提供基础设施和提供资金帮助。

5.4.1.2 “满足基本需求”模式

美国经济学家 P. 斯特雷坦（Paul Steretein）指出：“从把经济增长作为通过就业和再分配衡量发展的主要标准到基本需求的演进，是从抽象目标到具体目标，从重视手段到重视结果，以及从双重否定（减少失业）到肯定（满足基本需求）的演进。”

满足基本需要战略注重对穷人，尤其是对农村贫困人口提供基本商品和服务、基本食物、水和卫生设施、健康服务、初级教育和非正规教育以及住房等。满足基本需要战略认为，消除贫困有两条道路，一是直接向穷人提供保健服务，教育、卫生和供水设施，以及适当的营养；二是加速经济增长，提高穷人的劳动生产率和收入水平。

1962 年，印度政府率先提出在限定时期内使贫困人口享有一个最低生活水平以满足其最低需要的政策，这就是“满足基本需要”模式的雏形。王卓（2004）将印度政府执行的“满足基本需要”战略分为两个阶段，第一个阶段是以第四个五年计划投资重点由工业转向农业，推行“绿色革命”为主要内容，通过引进、培育和推广高产农作物品种，运用一系列综合农业技术措施来提高产量，以解决粮食问题和农村贫困问题。第二个阶段是第五个五年计划提出的稳定增长，消除贫困，满足最低需要的战略口号，并实施多种计划来帮助和促进贫困地区的发展，包括初等教育、成人教育、农村医疗、农村道路、农村供水、农村电力等社会经济基础设施，还包括农村住房建设，以改善农村贫困人口的基本生活条件。文章认为，“满足基本需要”战略的实施，缓解了印度贫困的程度。

杨文武（1997）研究了印度贫困的基本特征，根据 1970—1992 年的数据，得出了印度贫困的六个特征，即：①20 世纪 90 年代以前印度的贫困程度在不断地下降；②90 年代以后贫困程度有所加剧；③农村贫困程度受农业丰歉和政府反贫困运作能力的制约；④城市贫困程度受城市非组织部门就业机会的制约；⑤贫困程度具有明显的地域性；⑥贫困人数的绝对量在不断增加。文章分析了导致印度贫困的四个原因，包括：①历史上的殖民剥削和掠夺；②现存的生产水平低下；③生产资料所有制结构与收入分配不公平；④持续性的通货膨胀。

5.4.1.3 “社会保障方案”模式

社会保障方案是国家通过财政手段实行的国民收入再分配方案。主要内容是政府针对贫困人口的低收入和低生活水平状况，直接对穷人提供营养、基本的卫生和教育保障以及其他生活补助，以满足贫困人口的家庭需要。因为发达国家经济实力雄厚，贫困面小，因此社会保障方案作为一种福利制度已成为发达国家的主要反贫困措施。

王卓（2004）认为社会保障方案是通过缩小各阶层之间的收入差距来实现反贫困目标的，具体做法包括：①通过累进税减少高收入者的收入；②通过转移支付提高低收入者的实际收入。

黄爱军等（2010）介绍了美国扶贫模式的基本内容和主要特点，文章介绍了美国扶贫政策的基本内容，包括住房保障、医疗保障、失业保险和社会福利项目。文章认为，美国扶贫减困的政策的最大特点可以用“政府主导、社会参与、民众评判”三句话来概括。具体表现为：①弱势群体表达利益诉求的渠道比较通畅；②扶贫减困有稳定的资金来源；③贫困救助体系比较健全；④各类扶贫减困项目能够得到比较好的实施。

陆涌华（1996）在文章中介绍了美国政府的扶贫职责，阐述了扶贫资金的来源以及扶贫方式，文章认为，美国的扶贫模式包括直接救助、间接救助、低价出售国有土地和矿山以及给贫困地区优惠政策等。

林乘东（1997）研究了发达资本主义国家的反贫困政策及其实施条件，认为社会福利政策已构成当今发达资本主义国家主要的反贫困政策。社会福利政策包括社会保险、福利补贴和公共教育三个方面。通过社会福利制度，可以形成一套完整而有效的社会保障机制，保证了发达资本主义社会贫困者对生存资料和部分发展资料的消费需要，通过福利制度进行国民收入再分配，提高了低收入者的实际收入，在一定程度上具有“福利国家”论者所鼓吹的“收入均等化”性质。实施社会福利政策，需要具备五个条件：①欧美社会福利制度是建立在工人运动的基础上的；②实行福利政策，缓解大众贫困也是缓和剩余价值生产与实现的矛盾，保证垄断资产阶级利润的需要；③福利政策的实施，既是提高劳动生产率的需要，也是劳动生产率提高的结果；④在当代资本主义社会，科技生产力的发展使工人阶级结构发生了很大变化，劳动力的再生产资本大大提高，实行福利制度是提高劳动力再生产费用的需要；⑤国际经济利益格局向发达国家倾斜，使得发达国家的垄断资产阶级聚集了巨额财富，具备了实施社会福利制度的财力。

王俊文（2008）介绍了发达国家贫困特征及反贫困措施，认为可将其反贫困对策概括为两个方面：一是针对贫困人口的反贫困对策；二是针对贫困人口相对集中的落后地区或贫困地区的反贫困对策。文章归纳了美国的反贫困政策，认为美国反贫困政策包括反贫困计划、反贫困对策以及反贫困公共政策。反贫困对策包括：①学费分期偿还制；②平等的收入政策；③负所得税方案。政府反贫困公共政策主要包括以下三个方面：①改变“天然人力资本”收入差异和种族经济差异方面的政策；②为妇女提供平等就业和收入机会及经济地位方面的政策；③为保持老年人收入水平和社会福利方面的政策。文章认为，通过这些反贫困的政策，解决了美国的财富分配不均的问题，采取综合性援助措施，为受援地区或社区创造了经济机会，缓解了贫困。

何慧超（2008）认为美国的反贫困政策是一种仅仅向特殊弱势群体提供特殊服务的、覆盖面较低、与工作紧密联系、促进贫困者积极寻找就业机会的模式。

5.4.2 国际扶贫模式和经验的启示

5.4.2.1 国内学者的观点

新中国成立以来特别是改革开放以来，我国扶贫开发取得了举世瞩目的巨大成就，贫困发生率大幅度下降。但是与此同时我们也要清醒地看到，当前我国扶贫的形势依然严峻，扶贫的任务依然艰巨。为了更有成效地推进扶贫开发工作，我们既需要坚持自己好的做法和成功经验，持之以恒地抓好扶贫开发工作，又需要学习和借鉴国外扶贫减困的一些好做法，不断创新扶贫开发思路，提高扶贫开发成效。中国应该从其他国家的扶贫模式中吸取有益的、符合中国国情的经验，为中国扶贫和社会保障体系的建设提供经验借鉴（李迎生，乜琪，2009）。

黄爱军等（2010）通过对美国扶贫特点的研究，提出了五条完善我国扶贫政策的意见：①探索建立起更能准确瞄准贫困群体需求的机制；②进一步完善贫困救助的网络体系；③建立多元化的贫困救助资金来源渠道；④进一步提高扶贫资金使用效益；⑤扎实推进扶贫立法进程。

孙志祥（2007）提出要从美国的福利制度和福利改革中吸取经验和教训，提出：①采取更加积极的福利政策；②坚持以最低生活保障为主体的“补救型”的社会救助政策；③加大教育和就业培训力度，建立以工作为根本的社会福利和社会救助制度；④发挥民间组织在慈善、救助方面的作用。

何慧超通过对美国和欧洲国家反贫困政策进行比较，总结出其对中国的启示。包括：①把实行扩大就业政策作为反贫困的治本之策；②建立健全完善的社会保障机制；③高度重视城市贫困群里可行能力的培养。

王俊文（2008）以美国反贫困为例，阐述了美国反贫困经验、政策和措施提出了几点我国制定反贫困对策、措施的意见：①区域开发要有健全的法律制度作为保证；②有明确的区域政策发展目标；③在区域经济发展推动方式上，政府主要依靠市场力量来解决区域发展的差异性；④积极发挥财政政策作用，优化财政支出结构；⑤在发展战略上，通过培育经济增长点带动区域发展；⑥在资金筹措上，除增加政府财政拨款及补助外，地方政府还应制定一整套系统的招商引资政策。

而在对发展中国家的反贫困政策进行研究后，王俊文（2009）指出了我国制定反贫困政策、措施十分重要的借鉴意义和启示价值。文章以发展中国家巴西反贫困为例，较为详细地阐述了巴西反贫困经验、政策和措施。通过对巴西反贫困政策的研究，文章认为，在面对我国反贫困政策，应该做到以下几点：①根据具体国情，选择适合我国的反贫困模式、路径；②逐渐加大反贫困资金投入；③改善、提高贫困地区社会服务；④充分认识反贫困过程是一个长期艰辛的历史发展过程；⑤成功的反贫困政策、措施必须直接面对穷人，使真正的穷人受益。

5.4.2.2 国际扶贫经验对完善中国反贫困政策的启发

借鉴发达国家反贫困社会政策建设的经验，我国的反贫困社会政策还有很多地方需要改进，总结起来主要有以下几个方面：

（1）应当将缓解相对贫困提到重要位置。中国国际扶贫中心的数据显示，从 1978 年到 2007 年，我国尚未解决温饱的绝对贫困人口占农村总人口的比重由 30.7%下降到 1.6%；而从 2000 年到 2007 年，温饱问题已解决但发展水平依然较低的低收入贫困人口即相对贫困人口的同一比重相应地由 6.7%降至 3%。可见，我国反贫困工作开展以来，绝对贫困已得到了很大程度的缓解，从数量到比重都有巨幅下降。相比而言，相对贫困的下降幅度要小很多，而且到目前为止，相对贫困人口的数量比绝对贫困人口的数量多出将近一倍。在这种情况下，我们的反贫困工作显然应该改变以往只注重解决温饱，忽视相对贫困的做法。随着我国经济的发展，绝对贫困人口的规模已经很小，应该顺应贫困演变趋势，逐步将反贫困工作重点转向相对贫困。缓解相对贫困，减小收入差距，不仅是反贫困工作的重要任务，更是解决我国当前社会矛盾，构建和谐社会的重要工作。

（2）引进 NGO 等共同参与开发性反贫困工作。反贫困不仅是政府的任务，更是全社会共同面对的难题。因此，在反贫困工作中，应注重反贫困主体的多元性，除政府以外，还应积极引进 NGO 等社会力量共同参与。2001 年，在《中国的农村扶贫开发》白皮书中就已经提出，在 21 世纪初应积极创造条件，引导非政府组织参与和执行政府扶贫开发项目。但直到 2006 年 2 月，我国政府才挑选了 6 家 NGO 作为大规模投放国家扶贫财政资金的合作伙伴。虽然数量有限，但可以说，这一行动实现了我国反贫困由“政府包办”到“政府与非政府组织合作”的第一步。非政府组织规模巨大，而且掌握大量资源，其力量不可小觑。我国政府应该放开对反贫困工作的大包大揽，积极引进非政府组织共同参与，降低 NGO 进入反贫困领域的门槛。这一方面有利于政府减轻负担，另一方面也有助于推动现代社会的自我管理。此外，我们还应积极开展与一些国际组织、外国政府在反贫困开发领域的合作。

（3）实施动态的、开放的反贫困策略。我国目前的贫困以相对贫困为主，很难再通过就地扶贫政策使之得以改善。所以，针对贫困人口尤其是相对贫困人口，应采取开放式的反贫困策略，将他们从农村中转移出来，进入城市或发达地区。应从制度上消除城乡之间的壁垒，实现农村人口尤其是贫困人口可以在城市获得同等的就业机会。党的十七大报告中指出，要加强农村富余劳动力转移就业培训，建立统一规范的人力资源市场，形成城乡劳动者平等就业的制度。并提出要加快建立覆盖城乡居民的社会保障体系。这些重大的战略、策略的实施，将有效地缓解相对贫困的问题。

（4）要重视发展贫困人口的个人资产。美国的反贫困经验告诉我们，要靠贫困者自己解决贫困，外力只起协助作用。因此，反贫困更应以贫困人口自助为核心。以此为基础，我国的反贫困工作应改变过去的被动给予的扶助方式，强调贫困人口改变贫穷要靠自己，政府可以为他们提供技能素质的培训，提供就业途径，提供启动资金，但真正摆脱贫穷不能单靠向政府伸手，要挖掘自身的资源，如储蓄，从小规模项目开始，逐渐积累起自己的资产。一旦获得了资产的积累，再加之扶助者的相关指导，贫困人口便能很快获得发展，以从根本上摆脱贫困。

（5）要注重借助社会工作的专业方法。贫困人口不仅是反贫困的对象，也是反贫困的主体，反贫困工作不能缺少他们的参与。因此，传统的、行政化的反贫困工作方式已经不适应反贫困工作的发展。应借鉴专业化的反贫困工作方法，尤其应该借助社会工作的方法和理论，培养专业的反贫困社会工作者，运用专业的助人技巧对贫困人口进行扶助，使贫困人口增强自助能力，增强自主脱贫的意识。只有贫困人口首先在精神上脱贫了，克服了传统的“等、靠、要”思想，有了自力更生、奋发图强的反贫困精神，贫困人口的贫困状况才容易改变。

（6）应将开发性扶贫与社会救助相结合。开发式扶贫主要针对的是有自助能力的贫困人口。截至 2006 年的农村两千多万尚未解决温饱问题的贫困人口中，其中有 93%有劳动能力，即可以通过开发式扶贫脱贫致富的。但也有 7%是丧失劳动能力的，他们根本没有自助能力，显然开发式扶贫并不适用他们。对这部分群体进行社会救助，政府直接发放救助金到贫民手中，才是解决其温饱问题的更加有效的途径。因此，对于全部或部分失去劳动能力的老人、儿童和残疾人等，应当主要依靠以社会救助制度为核心的社会安全网来进行减贫。

5.5 鄱阳湖生态经济区减少贫困的政策设计

2009 年 12 月 12 日，国务院正式批复《鄱阳湖生态经济区规划》，标志着建设鄱阳湖生态经济区上升为国家战略。规划期为 2009 年至 2015 年，远期展望到 2020 年。目前，鄱阳湖生态经济区刚刚开始建设，将其生态优势转化为产业经济优势，是实现在保护生态环境的同时减少贫困目标的根本手段。我们拟从三个方面构建鄱阳湖生态经济区扶贫的新型扶贫模式，主要包括构建鄱阳湖生态经济区生态产业模式、流域生态补偿机制等。

5.5.1 大力发展鄱阳湖生态经济区生态产业，做大扶贫经济基础

5.5.1.1 鄱阳湖生态经济区产业空间布局总体构想

（1）鄱阳湖生态经济区产业空间布局总体思路。以科学发展观为指导，按照国家主体功能区的划分，统筹考虑经济区环境保护、人口分布、经济布局、土地利用及城镇化格局，增强区域可持续发展能力，对鄱阳湖生态经济区产业进行合理布局，将鄱阳湖生态经济区划分为禁止开发区、限制开发区、优化开发区和重点开发区，具体的区域划分见表 5-9，通过区域规划，让经济区真正建立在以资源环境承载能力为前提的合理开发、科学发展的基础之上。

（2）对已经投入建设的产业结构调整指导。根据国务院《鄱阳湖生态经济区规划》和国家发展和改革委员会发布的《产业结构调整指导目录》、江西省政府发布的《江西省产业结构调整及工业园区产业发展导向目录》等产业政策，结合鄱阳湖区实际，将现有鄱阳

湖产业分为四类：允许类、鼓励类、限制发展类和淘汰类。

表 5-9 鄱阳湖生态经济区主体功能分区

类型	范围	具体区域	产业布局
禁止开发区	鄱阳湖核心区及周边的各自然保护区	鄱阳湖水面、庐山、三清山、龙虎山、龟峰、瑶里等国家级自然保护区	生态旅游、生态农业、生态文化
限制开发区	五河沿岸 2～3 km 和鄱阳湖湖岸 3 km 滨湖 12 个县（区）范围	浮梁县、南昌县、新建县	生态旅游、生态文化、生态工业、生态服务业
优化开发区	南昌、九江、景德镇、上饶、鹰潭、抚州等区域中心城市	南昌市区（东湖区、西湖区、青山湖区、青云谱区、湾里区）、九江市区（庐山区、浔阳区）	南昌作为特大城市，应强化金融、商业、物流、工业、旅游功能，集聚发展现代服务业、高新技术产业和都市型工业，建设成为中部地区的商贸中心、金融中心、工业中心、物流中心、旅游中心。九江要定位于大城市，走新型工业化道路，大力发展汽车、医药、电子信息、食品、石化、造船、有色金属、旅游等产业
重点开发区	上述之外的其他地区	安义县、进贤县、乐平市、九江县、永修县、德安县、星子县、都昌县、湖口县、彭泽县、瑞昌市、武宁县、共青城、余干县、鄱阳县、万年县、东乡县	依托资源条件和产业发展基础，发展特色农业、生态工业，大力发展农业产业化项目及与农业产业化结合的生态友好型产业，发展生态工业园区

① 允许类：不属于淘汰类、限制发展类和鼓励类，且符合国家有关法律、法规和政策规定的，为允许类。

② 鼓励类：主要是符合国家产业政策和我市结构调整升级目标及企业自主创新的要求，适应江西经济社会可持续发展战略需要的产业和项目。重点鼓励和支持先进制造业、现代服务业和现代农业的发展。对列为鼓励类的投资项目，按国家和省有关法律法规和投资管理规定审批、核准或备案，金融机构按照信贷原则提供信贷支持。有关优惠政策按国家和江西省有关规定执行。

③ 限制发展类：限制新建、扩建的生产能力、工艺技术、装备及产品。主要是工艺技术落后，不符合行业准入条件和有关规定，不利于产业结构优化升级，不利于改善环境和节约资源的类别。凡列入限制发展类的，主管部门对于新建和扩建项目不予审批、核准或备案；各金融机构不得发放投资贷款；土地管理、城市规划和建设、环境保护、质监、消防、海关、工商等部门不得办理有关手续（不扩大生产能力）。

④ 淘汰类：应在规期限内淘汰，并禁止投资的生产能力、工艺技术、装备及产品。主要是不符合有关法律法规规定，严重浪费资源、污染环境、不具备安全生产条件，需要淘汰的类别。对淘汰类，各金融机构应停止各种形式的信贷支持，并采取措施收回已发放的贷款。对不按期淘汰的企业，各级人民政府及有关部门将依据国家有关法律法规责令其停产或予以关闭。对明令淘汰的生产工艺技术、装备和产品，一律不得进口、转移、生产、

销售、使用和采用。

5.5.1.2 鄱阳湖生态经济区生态敏感区域及控制开发区发展生态农业

（1）鄱阳湖生态经济区发展生态农业减少贫困的必要性 。“生态农业”一词最初是由美国土壤学家 A. William 于 1971 年首次提出的。此后，英国农学家 M. K. Worthington 发展并充实了生态农业的内涵，将生态农业定义为“生态上能自我维持，低输入，经济上有生命力，在环境、伦理和审美方面可接受的小型农业系统”。20 世纪 80 年代，我国以生态学家马世骏教授为代表的一批科学家，选择性地吸取了国外生态农业研究的成果，结合中国国情，提出了“中国生态农业”概念，并组织推动了不同规模的试点、示范。借鉴国内外的研究成果，本研究认为生态农业可以理解为：以促进农业和农村经济社会可持续发展为目标，以“整体、协调、循环、再生”为基本原则，以继承和发扬传统农业精华并吸收现代农业科技手段为技术特点，以农业可持续发展为目标，把农业生产、农村经济发展和生态环境治理与保护、资源培育和高效利用融为一体，不同层次和不同产业部门之间全面协作的新型综合农业生产体系。鄱阳湖地区的贫困人口基本上集中分布在生态环境恶劣的山区、生态环境恶化的湖区以及自然灾害频繁的湖区等生态脆弱地方，其自然生态环境并不存在农业生产的真正优势。贫困地区受生态环境的刚性约束及土地边际报酬收入递减的限制，单纯依靠劳动的持续投入很难成为增加农业收入的主要来源，大量地使用化肥虽然能在短期内起到积极的作用，但过量施用化肥会造成土壤酸化、次生盐渍化、有害生物滋长、农产品累积的毒性增加，危害人类的健康。要实现贫困地区经济跨越式发展与生态环境保护优化整合，必须首先要大力发展生态农业，实现农业的可持续发展。

（2）鄱阳湖生态经济区生态农业发展模式。在鄱阳湖生态经济区全面推广以农业循环经济和农业清洁生产为核心的生态农业开发模式、以农田为重点的粮经作物轮作模式、以减少面源污染为核心的农药、化肥、地膜科学使用模式。加强农业技术推广服务站点和网络建设，重点推广精准育种和播种、平衡施肥和科学灌溉。规范外来物种和转基因生物农产品安全的监督管理。突出发展适应国内外市场需求的无公害食品、绿色食品、有机食品，形成生态农业产业链和生态农产品基地。大力发展生态渔业，科学布局湖区渔业生产，推广健康养殖和生态养殖模式。加强渔药饲料和养殖环境监管，提高水产品品质。鄱阳湖及生态经济区内的水库、湖泊和江河要按环境容量合理确定养殖规模和养殖方式，严禁化肥养鱼，控制网箱养鱼，维护水环境生态安全。生态经济区范围内严格实行禁渔期制度，建设一批无公害、绿色水产品养殖基地。大力发展生态林业，确立以生态建设为主的林业可持续发展道路，建立以森林植被为主体的国土生态安全体系，把改善环鄱阳湖生态经济区生态环境、维护生态安全、建设生态家园作为林业发展的首要任务。在保护森林资源的前提下，推进以生态公益林、生态保护林、生态经济林为主要内容的生态林建设，发展林业生态产业，变林业资源优势为经济优势，建成生态林产品基地。

5.5.1.3 鄱阳湖生态经济区集约开发区大力发展生态工业

（1）发展生态工业的必要性。生态工业是通过合理、充分、节约地利用资源，实现产品生产和消费过程对生态环境和人体健康的损害最小化，及废弃物多层次综合再生利用的工业发展模式，是应用现代科技而建立和发展起来的一种多层次、多结构、多功能、变工业排放物为原料、实现循环生产、集约经营管理的综合工业生产体系，是一种新型的工业模式。这种模式与传统模式最显著的区别在于，它力求把生态环境优化作为发展的重要内容，作为衡量工业发展的质量、水平和程度的基本标志，从而实现工业经济的可持续发展。

在传统工业发展模式中，许多企业并没有把生产中的排放物视为浪费或作为资源对待。例如一些企业排放的污水中经常含有大量的稀有金属，其含量超过天然矿砂的含量，具有非常大的回收利用价值。但这些企业没有本应配套建设的处理设施，污水随便排放到江、河、湖泊中，不但浪费了资源，还严重破坏了生态环境。发展生态工业，是工业经济发展从单纯注重工业经济增长到注重经济社会全面发展的一个重要里程碑，它体现了工业生产技术体系和工业经济发展现代化的实质与方向，是贫困地区工业发展的理想模式和最佳形态。

工业经济对于鄱阳湖生态经济区贫困落后地区的脱贫致富过程起着极其重要的作用。工业经济的发展有利于提高资源利用效率，增加地方财政收入，加快农村富余劳动力转移和人们生活水平的提高。但是随着鄱阳湖生态经济区贫困落后地区工业经济的不断发展壮大，排放的各种有害气体、废水及工业垃圾等污染物日益增加，所造成的环境污染和生态破坏日益严重，它所带来的生态环境污染问题已成为人们关注的热点问题。

目前鄱阳湖生态经济区贫困地区工业生产就总体而言，传统工业发展模式仍然处于主导地位，工业经济增长还是主要依据资源、资金和劳动力的大量投入与消耗。在工业生产建设中，片面地追求产值产量，盲目追求高速增长，工业的发展方式还是传统的以破坏生态环境为代价，其结果必然是导致严重的生态恶化，陷入“先污染再治理”的怪圈。在鄱阳湖生态经济区的脱贫致富过程中，推进工业发展模式的转换，建立生态与经济相协调的生态经济效益型工业发展模式，即生态与经济相协调、可持续性的生态工业模式，不仅是历史的必然，更是现实的呼唤。

（2）鄱阳湖生态经济区生态工业发展模式。生态工业模式一方面以生态和环境成本最小化、资源消耗节约化、循环利用和成本内生为原则，使用绿色技术改造传统工业产业体系，大力推进清洁产业，建立绿色工业产业制度，促进贫困地区工业产业制度和产业结构的变革。另一方面，在制定产业政策与产业规划时，生态工业模式要求把各种产业、各种产品的资源消耗和环境影响作为重要的考虑因素，严格限制能源消耗高、资源浪费大、污染严重的产业发展，积极扶助质量效益型、科技先导型、资源节约型的产业发展。生态工业模式既促进了经济发展，又促进了生态环境保护，实现了经济效益、社会效益和生态效益的有效结合，是贫困地区工业发展的最佳模式。具体主要包括以下几个方面。

① 利用先进实用技术改造传统产业。按照清洁生产要求改造传统工业，推进产业结构优化升级，重点抓好食品、石化、冶金、建材、轻纺、有色冶金六大行业的技术改造和污染治理，提高二氧化硫、粉煤灰、废水等治理技术，降低产品综合能耗、物耗。淘汰污染环境的落后工艺、技术、设备、产品和企业。

② 先进制造业。以装备制造业为重点，突出发展汽车及零配件、机械设备、航空仪器仪表等产业，通过大投入、大引进、大合作，迅速实现规模扩张和结构优化，向大集团、大配套、大产业方向发展，建设国内一流并在世界上具有重要影响的装备制造业基地。

③ 高新技术产业。以电子信息为重点，大力扶持电子信息应用、软件、新能源、新材料、生物医药等高新技术产业，加快形成上述五大高新技术产业基地，使其迅速成为环鄱生态经济区的主导型产业、带动型产业。

④ 环保产业。研究开发一批拥有自主知识产权的具有国际先进水平的环保技术和产

品。大力发展废水和废气污染防治技术、固体废弃物处理技术。重点发展燃煤电厂烟火脱硫除尘、城市污水处理、医疗废水处理、固体废弃物综合利用、城市垃圾处理、汽车尾气催化净化器等技术和装备。组织实施一批环保产业化示范工程，培育扶持一批具有江西特色和优势的环保产业园区及企业、高新技术设备和产品，使环保产业成为环鄱生态经济区新兴的产业集群。

5.5.1.4 鄱阳湖生态经济区禁止开发区有序发展生态旅游业

（1）发展生态旅游业的必然性。生态旅游的概念最早由国际自然保护联盟（IUCN）特别顾问、墨西哥专家谢贝洛斯•拉斯喀瑞于 1983 年提出。此概念一经提出便受到了国际旅游组织和学术界的广泛重视，各类研究成果层出不穷，但目前国内外学术界对生态旅游定义还没有达成统一的认识。本研究认为生态旅游业是以自然生态和自然、文化原生性为基础，在环境承载范围内保护生态环境，保护人文环境，保护文化遗产，保护生物多样性，实现旅游资源的可持续利用，构建竞争力强的旅游目的地体系，构建多元化旅游产品体系，构建优质高效的旅游产业要素体系，构建科学合理的旅游行业管理体系。

旅游业是一种具有相当高的关联度和旺盛生命力的“朝阳产业”，开发鄱阳湖地区丰富的旅游资源，可以带动和促进交通、邮电通信、饮食、文化娱乐、商品生产等相关产业的发展，起到“一业带百业”的作用。鄱阳湖生态经济区的贫困落后，不仅是经济的落后，更深层次的是观念落后。鄱阳湖地区发展旅游业还有利于促进地区的生态环境保护，因为旅游开发从客观上要求维护文物古迹，发掘风土人情，保护和改善生态环境。在具备旅游资源条件的地区发展旅游业，将资源优势转化为经济优势，促进经济社会发展，是实现鄱阳湖生态经济区脱贫致富的一条有效途径。

（2）鄱阳湖生态经济区生态旅游业发展模式。鄱阳湖生态经济区内拥有众多珍贵的旅游资源和不可复制的生态环境，但都没有得到很好地整合，没有形成鄱阳湖旅游系列产品。要发展鄱阳湖生态经济区的生态旅游产业，就要着力形成以南昌、九江历史名城为中心，依托江西省政治、经济、交通中心，精心打造鄱阳湖生态经济区百公里休闲生态旅游圈。具体来说主要包括以下几个方面：

① 以山、江、湖、鸟、林、茶生态为核心的鄱阳湖生态旅游产品。山、江、湖、鸟是鄱阳湖特有的自然生态旅游景观，也是生态旅游重点开发的项目，重点对这些景点进行包装宣传，突出生态旅游特色和品牌，以 2 处世界自然文化遗产、2 处世界地质公园、11 个国家级风景名胜区、7 个国家级自然保护区、39 个国家级森林公园为核心生态旅游产品特点，推出“一湖二城三山”的精品鄱阳湖生态旅游线，即一湖：鄱阳湖；二城：南昌、九江；三山：庐山、三清山、龙虎山，推出“名山名湖，原生态，休闲度假，科普科教”为亮点等内容的生态旅游。

② 建成环鄱阳湖区的特色生态旅游产品。依据鄱阳湖区周边目前的自然、历史资源形成以下几个景区群：以星子—庐山自然景观文化为串线的景区群；以矶山湖、长岭、大岭、老爷庙风电场低碳生态旅游为特色的景区群；以鄱阳、余干、进贤、景德镇、婺源千古瓷艺水韵为亮点的景区群；以万年—龙虎山为丹霞地貌、道教文化的景区群。

③ 创建鄱阳湖湿地生态旅游产品。鄱阳湖是一个生物多样性丰富的国际重要湿地，亚洲最大的候鸟越冬地，鄱阳湖水质水量良好丰富，是长江中下游自然状态保存最好的湿地区域，蕴涵着丰富的动植物资源和独特的自然景观。鄱阳湖生态旅游产品，可以开发吴

城—南昌天蓝水绿，众鸟翔集的候鸟湿地景区群；以永修、吴城“鄱阳湖自然保护区”冬季观鸟、南昌天香园——“都市中的候鸟天堂”和鄱阳湖湿地公园等为主题亮点支撑，开发纯生态的观鄱湖水色，赏珍稀动植物，进行科考和休闲旅游产品；以“鄱阳湖湿地博物馆”为主题，传播鄱阳湖生态保护、湿地保护知识，形成旅游科普趣味的组合产品；使人们在旅游休闲的同时增加了对江西母亲湖的湿地动植物的了解，提高对保护湿地生态环境的认识，能充分体现人与自然的和谐统一，使鄱阳湖湿地生态旅游成为生态旅游的核心部分。

5.5.1.5 鄱阳湖生态经济区产业总体布局——“双核双轴多动力”模式

产业模式的选择应有利于经济快速发展，有利于提高经济增长的质量，有利于资源的合理开发和环境保护。目前鄱阳湖生态经济区进入了一个新的结构转型期，需要主动求变，制定合理、正确的产业政策，注重生态和经济共同发展，使整个湖区产业朝着持续、健康、高效的方向发展。结合湖区产业现状，其产业发展模式归纳为“双核双轴多动力”模式（图 5-6）。

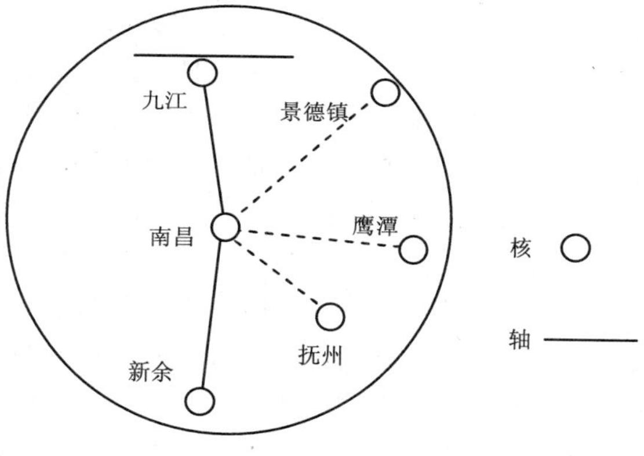

图 5-6　双核双轴多动力产业发展模式

“双核（南昌—九江）双轴（沿路和沿江）多动力”发展模式是在“点（南昌）—圈”式产业发展模式的基础上，把交通优势和临江优势有效结合起来，将昌九工业走廊的内涵从沿路开发，拓展到沿路（昌九高速公路、京九铁路）和沿江（长江）开发并重，从单轴模式向 T 形双轴模式转变，重点打造南昌和九江两个核心，逐步形成鄱阳湖生态经济区“双核双轴多动力”产业发展格局。根据产业发展的现状，以相关工业园区为基础，全力打造昌九工业走廊、京九沿线产业群、沿长江产业带和 6 个经济增长动力基地（南昌现代制造业基地、九江重化工产业集群带、景德镇世界瓷都、鹰潭世界铜都、新余光伏钢铁产业基地、抚州粮食医药教育产业基地）。走廊沿线开发区和沿江产业带的发展，以及 6 个经济增长动力基地的建设，都将带动昌九工业走廊跨越式发展，进而推动鄱阳湖生态经济区产业（经济）的发展和江西在中部地区的崛起。

5.5.2 创新鄱阳湖生态经济区生态扶贫政策和模式

5.5.2.1 完善开发式扶贫，在“自然资源开发”产业扶贫的基础上，侧重“人力资源开发”为核心的能力扶贫

面向当地自然资源的开发式扶贫是我国过去扶贫工作的特点（林毅夫，2005）。对此战略，鄱阳湖生态经济区扶贫应继续坚持，并逐步增加资源开发的技术含量，以提高开发效率，减少对环境的不利影响。同时随着社会主义市场经济体系的建立和完善，在“自然资源开发”的基础上，应当同时侧重对贫困人口的“人力资源开发”，通过推动基础教育、成人教育和科技培训来提高贫困人口适应市场的能力和通过成功的人口迁移来获得非农就业机会的能力。建议以社区为单位建立社区学习中心，促进基础教育和成人教育、学校教育和社区教育、家庭教育和社会教育的有机结合，逐步将贫困人口集中的贫困社区建设成学习型社区。另外，健康和教育一样是人力资本的重要组成部分，因此，也应当进一步增加对农村地区医疗、卫生领域的投入，推进农村新型合作医疗制度的建立和完善，采取特殊措施（如减免费用）以保证合作医疗能够覆盖所有贫困人口。

5.5.2.2 坚持开发式扶贫和救助式扶贫的有效结合的扶贫方式

鄱阳湖生态经济区在继续坚持开发式扶贫为主的扶贫活动的同时，也需要考虑到极端贫困人口中相当一部分已经失去劳动能力人口的生活保障需要。因此，应当致力于建立一个以开发式扶贫为主并有针对性地结合救助式扶贫的综合扶贫体系。

5.5.2.3 加快建立城乡统筹的一体化扶贫体系

城镇贫困人口和城乡流动人口的增加要求我们应当尽快建立一个城乡统筹的一体化扶贫体系。统筹的内容应当包括：第一，在农村地区建立救助制度。其对象既要包括残疾人、孤寡的老年人和长期因病丧失劳动能力而又没有其他收入来源的人群；以及因自然和经济等方面的原因，短期内家庭的收入和消费达不到最低生活标准的家庭。第二，完善现有的城镇救助体系，对进城务工人员，因灾难、短期失业等原因出现生活困难者给予必要的救助。第三，农村和城镇都需要进行开发式扶贫，扶持的对象主要是有劳动能力但仍然比较贫困的人口。

5.5.2.4 建立合理的信贷扶贫体制

农村贫困人群在进行自然资源开发和人力资源开发中都亟须有一定的资金投入，小额信贷可以有效地满足穷人的资金需求。政府应当在如下几个方面进行改革以推动小额信贷的发展：首先，应当逐步开放各种类型的小额信贷市场，并建立相应的管理体系和机制；其次，准许小额信贷机构根据市场状况和运行成本自主决定贷款利率；第三，通过鼓励竞争来保证小额信贷机构不断创新、降低成本和提高服务质量；第四，政府可以将目前经由商业银行发放扶贫贴息贷款的资金转由小额信贷机构来发放。另外，政府也可以探索利用龙头企业掌握农户信息、控制农户资金流能够有效解决农村金融机构和农户之间信息不对称问题的优势，选择经营管理良好、产品市场成熟稳定的龙头企业，将扶贫信贷资金贷给龙头企业，然后由龙头企业转贷给农户，或者由龙头企业向农户的贷款提供担保，以解决贷款资金到达农户难的问题（林毅夫，2005）。

5.5.2.5 加强鄱阳湖生态经济区各级扶贫领导小组的政策制定和组织、协调、考核功能

扶贫是一项系统工程，除了开发式扶贫等各项直接减少贫困的政策之外，各项宏观、

微观政策也都会对贫困人口的经济和社会发展造成显著的影响。因此，为了有效地减少贫困，需要各个领域的政策有效地配合。目前，世界银行、亚洲开发银行等国际扶贫机构在批准一个项目、出台一项政策前都需要对这些项目、政策进行对贫困人口影响的分析。建议强化江西省扶贫办和地方扶贫办系统在扶贫政策的制定、贫困状况的跟踪以及对各类扶贫投资效果的监测和评估等方面的职能。其他非扶贫部门在制定部门政策、批准建设项目时，也应该和国际扶贫机构一样，由扶贫办对这些政策、项目进行对贫困人口影响的评估，防止、减轻对贫困群体的不利影响。

5.5.2.6 发挥民间组织在扶贫中作用

随着经济的发展，我国社会中已经有一个相当大的高收入人群，以非政府组织来动员这类人群，为低收入弱势群体状况的改善出钱出力，是构建和谐社会的重要内容之一（林毅夫，2005）。同时，世界上许多国家在扶贫过程中通常采用由农民自己的组织和专业性的民间机构来负责的模式，为了提高政府扶贫资金的使用效率，江西省各级政府也应当着手探索采用竞争性的扶贫资源使用方式，使更多的非政府组织成为由政府资助的扶贫项目的操作者。扶贫部门的职责则是根据非政府组织的业绩和信誉把资源交给最有效率的组织来运用，并对其进行评估。

5.5.2.7 改变增长方式，按照比较优势发展经济，同时实现增长和公平的目标

贫困人口能够获取收入的最重要资产是劳动力，劳动力的充分就业无论对于农村扶贫还是城市扶贫都具有关键意义（林毅夫，2005）。亚洲四小龙等东亚经济在经济发展过程中所以能够避免收入分配的“库兹涅茨倒 U 字形”曲线，出现经济高速增长，收入分配同时改善的原因是在经济发展的每个阶段充分发挥各个阶段的比较优势。经济发展的早期劳动力相对丰富、资本相对短缺，根据这个要素禀赋的特性，以发展劳动密集型产业或资本密集产业中劳动力相对密集的区段为主，使只有劳动力的贫困人群能够充分就业，分享经济发展的好处。随着经济发展，资本积累，资本由相对短缺变为相对丰富，劳动力由相对丰富变为相对短缺，比较优势发生变化，才进行产业升级，发展资本更为密集的产业。这样不仅能够充分就业，同时劳动力的工资和收入水平也必然随着经济发展而提高，增长和公平的双重目标也就能够同时达到。而且，遵照比较优势，整个国民经济在国内、国际市场都会具有竞争力，国民经济也就能够持续、快速、健康发展。

5.5.2.8 加强扶贫项目资金管理，提高扶贫资金使用效率

（1）推行合同监管，建立完善规范的管理体系。在资金管理上，按照国家对财政扶贫资金“四到省”、“三专”使用原则和封闭运行的总体要求，制定《县级财政扶贫资金管理办法》、《扶贫信贷资金与财政扶贫资金配套使用扶持贫困户发展实施办法》和《财政扶贫资金申请审批程序》、《扶持贫困户明细表》及《报账凭证》等管理办法，严格执行“四项制度”，对每笔资金从进户到划拨、从使用到监督、从验收到报账，笔笔有宗，有据可查。一要推行招标制。对梯田建设、小型水利、村小学、村卫生所等工程项目以及良种、苗木的引进等都询价招标，达到降低成本、节约资金、提高质量的目的。二要推行合同制。对所有建设项目，严格执行项目建设合同签约，明定项目责任人、建设内容及规模、项目投资补助标准、主要技术经济指标、项目进度、项目管理、验收和奖罚办法，按照合同法的规定管项目、建项目、验项目。三要推行公示制。建立健全公示制度，扩大公示内容，拓宽公示领域，广泛接受群众监督。将每年安排到村到户的项目资金在公示栏上公布，定期

向村民公示资金投入量、建设时间、农民投入资金和劳动力的数量，做到农户名单、项目内容、投资强度“三上墙”，让群众参与，让群众监督，让群众评议，把扶持到户与否、群众满意与否作为衡量扶贫成效的前提。充分发挥基层组织示范带动作用，让村支书、村主任、致富能人参与扶贫资金的安排和使用。四要推行扶贫资金捆绑使用。针对原来财政扶贫资金存在部门条块分割，各自为政，职责不清，“各敲各的锣，各打各的仗”，造成扶贫资金“效益递减”的实际，建议今后对县上扶贫专项资金、以工代赈资金等，按照各投其资、各计其功的原则，在县扶贫开发工作领导小组的统一部署下，实行统筹安排、综合调度、捆绑使用、集中投放，最大限度地覆盖贫困农户。

（2）强化项目操作，建立完善严密的运行体系。一要建立健全项目库储备和申报、审批制度，对扶贫项目实行计划管理，凡是纳入项目库的项目才可审批审报，对确定了的扶贫项目不能随意调整，如确需调整，必须经上级业务主管部门审批。每个项目的申报必须有项目内容和辐射带动贫困户作为申报、审批的依据。二要根据每个项目的特点，研究制定不同的项目运行程序，分别从前期准备、组织实施、检查验收、账目处理和归档立卷五个环节进行严格把关。三要根据不同项目，研究制定严密的检查验收程序，实现县建档、乡建簿、村建册、户建卡的规范化一条龙管理。

（3）实行部门联动，建立完善高效的服务体系。坚持扶贫项目及资金集体审查决策，项目资金捆绑使用的同时，主要做好以下三个方面的工作：一要坚持自下而上，分级负责的原则，建立健全资金划拨、使用监督管理机制，由计划、财政、扶贫、审计、农行等涉农部门、相关乡镇及施工单位、群众代表参加，对扶贫资金实行动态管理，定期进行跟踪检查、逐项审计，杜绝资金挤占挪用等现象的发生。二要坚持以人为本，转换机制。首先，强化基础教育，狠抓扶贫培训。通过组织专家培训，选派科技骨干、种植大户外出学习，与科研院所联姻等办法，提高科技人员、村组干部和专业大户的科技素质、业务水平。其次，推进科技承包，完善经营机制。对项目承担单位实行科技承包，建立竞争激励机制，以奖代补，竞争选项，择优扶持。鼓励农业科技人员带技术，带任务，进园区，搞承包。发挥科技人员的排头兵作用，以新的推广方式带动了项目效益的提升。三要坚持群众参与，社会扶持相结合的扶贫路子，注重资金渠道的多元性和内力外援的共振性，启动内力，借助外力，激发活力，发动群众投工投劳，社会捐资捐物，加大社会帮扶力度，壮大扶贫开发力量，形成以国家投资为先导，以社会资金为主体，群众投工投劳为辅的扶贫开发筹融资新格局。

（4）创新管理体制，建立资金利用的统筹管理体系。要认真落实“省负总责，县抓落实，工作到村，扶贫到户”的要求，以县为单位，以贫困村为主战场，集中优势打歼灭战。首先，在县扶贫开发领导小组的指导下，由财政、扶贫、审计等部门统筹管理扶贫资金，把扶贫资金与部门任务、责任、权力捆绑起来，强化资金审计、监管、检查。其次，为彻底改变目前项目规划早、申报慢、资金下达迟突出问题，积极开展网上申报、审批，简化办事程序，每年年底前完成下年项目规划、申报，翌年前半年完成资金计划下达，确保项目早启动，早实施，贫困农户早受益。

5.5.3 建立和完善鄱阳湖生态经济区农村社会保障制度

5.5.3.1 鄱阳湖生态经济区农村社会保障制度问题

鄱阳湖生态经济区就目前已有的并且在运行的农村社会保障机制，有着自身的特点和问题。一是农村社会保障制度的覆盖率低。虽然近几年来对于整个鄱阳湖生态经济区而言的社会保障制度的覆盖面有所扩大，但是整体而言还是满足不了经济结构调整的需要。整体上，养老保险的参保值有所增加，其他的如事业保险、工伤保险、生育保险等的发展进程不尽如人意，参保比例较低。并且，参保的主体仍然还是国有企业机关事业单位等，其他的私人组织的参保率比较低。二是社会保障基金收支不平衡，难以支撑保障事业的发展。一方面，由于鄱阳湖生态经济区面临人口老龄化，社会保障支出的一部分养老保险就相对增加，同时由于国企改革以及失业人口的增多，失业保障支出也在增加，而另一方面，参保人数的下降，甚至参保了的个体欠缴保费，这样就形成了整体上的保障性支出增加，而资金来源的减少，再加上乡镇的财政亏空，无力顾及农村社会保障。导致了鄱阳湖生态经济区农村社会保障事业的收支不均和保障事业发展缓慢的局面。三是管理体系的不合理，多头管理。农村社会保障事业是一个公共管理事业，理应独立于企事业单位实行社会化管理。而目前这方面的社会保障管理制度还不能适应这种要求，截至 2005 年，鄱阳湖生态经济区仅 46%的乡镇建立了乡镇劳动保障事务所。此外，保障事业还存在多头管理的问题，城乡分割，各自为政。在我们调查中发现，部分地区在国有企业的农村职工的社会保障归劳动部门管理，医疗保障归卫生部门或集体共同管理，养老以及农村救济由民政部门管理，各部门的管理角度不一样难以协调决策和管理意见，这就形成了“多龙治水”的混乱格局。另外，农村社会保障还存在发展不平衡，发展缓慢，对国民收入再分配功能差等有待于解决等问题。

鄱阳湖生态经济区仍旧以农业生产为主，农村人口占据很大比例，因此由“三农”问题引发的一串农村发展的问题对鄱阳湖生态经济区的发展而言显得格外有影响。长期以来，受地理位置以及其他政策性影响，鄱阳湖生态经济区的农村社会事业发展明显滞后，要改变当前的这种滞后状态就必须从现实着手，发展并完善合理的保障机制，摒弃不合理的保障机制。

5.5.3.2 健全以农村低保为基础、医疗救助、教育救助、救灾、扶贫相结合的农村社会救助体系

在鄱阳湖生态经济区建设中，完善农村社会保障事业是减少贫困和发展经济的重要方面。就目前鄱阳湖生态经济区农村社会保障状况而言，推动农村事业的发展是一个重要的落脚点。一是要完善农村低保制度。虽然江西省已建立了农村居民最低生活保障制度，但仍不足以解决因重大疾病、重大自然灾害、子女上学给农民带来的生活困难，有时甚至是杯水车薪。因此，为了使贫困农民家庭得到更多的社会救助，有必要在农村低保的基础上，针对子女上学资金困难建立教育救助制度，因自然灾害和其他原因使家庭陷入困难建立定向扶贫制度，使广大贫困农户在遇到特殊困难的情况下通过社会救助，摆脱贫困，获得新生，在确保基本生活的前提下，走向小康。同时，注意农村低保制度与其他制度的衔接。如与计划生育政策的衔接，防止两者出现“断层现象”；与农村养老保险的衔接，凡是领取养老金的农户，如果申报农村低保资金，其领取的养老金应计算为家庭收入；与新型农村合作医疗的衔接，取消低保对象享受新农合的门槛，提高低保对象享受新农合的报销比例。此外凡是参与合作医疗制度的农户，因病虽然在合作医疗保险金报销了大部分医疗费用，但其自身负担费用大大超过家庭实际收入水平，应允许申报农村低保资金等。二是加强农村的公共卫生和医疗保障制度，不断加强以乡镇为单位的医疗机构的基础设施，提高

医疗水平，保障农民的医疗卫生条件。三是进一步提高农村的社会保障水平，完善农村“五保户”供养、特困户生活救助、灾民补助等救助体系，探索与地方发展措施向配套的农村社会养老保险制度。

5.5.4 加快乡村基础设施建设，改善贫困人口生产生活条件

5.5.4.1 着力加强农民最急需的生活基础设施建设

在巩固人畜饮水解困成果基础上，加快农村饮水安全工程建设，优先解决污染水及血吸虫病区的饮水安全问题。有条件的地方，可发展集中式供水，提倡饮用水和其他生活用水分质供水。要加快农村能源建设步伐，在适宜地区积极推广沼气、秸秆气化、小水电、太阳能、风力发电等清洁能源技术。大幅度增加农村沼气建设投资规模，有条件的地方，要加快普及户用沼气，支持养殖场建设大中型沼气。以沼气池建设带动农村改圈、改厕、改厨。尽快完成农村电网改造的续建配套工程。加强小水电开发规划和管理，扩大小水电代燃料试点规模。要切实加强农村公路建设，确保到“十一五”期末基本实现鄱阳湖生态经济区范围内所有乡镇通油（水泥）路，所有具备条件的建制村通油（水泥）路。要积极推进农业信息化建设，充分利用和整合涉农信息资源，强化面向农村的广播电视电信等信息服务，重点抓好“金农”工程和农业综合信息服务平台建设工程。引导农民自愿出资出劳，开展农村小型基础设施建设，可采取以奖代补、项目补助等办法给予支持。按照建管并重的原则，建议把农村公路等公益性基础设施的管护纳入国家支持范围。

5.5.4.2 加强村庄规划和人居环境治理，提高农村人口生活质量

随着生活水平提高和全面建设小康社会的推进，农民迫切要求改善农村生活环境和村容村貌。地方政府要切实加强村庄规划工作，安排资金支持编制村庄规划和开展村庄治理试点；可从各地实际出发制定村庄建设和人居环境治理的指导性目录，重点解决农民在饮水、行路、用电和燃料等方面的困难，凡符合目录的项目，可给予资金、实物等方面的引导和扶持。加强宅基地规划和管理，大力节约村庄建设用地，向农民免费提供经济安全适用、节地节能节材的住宅设计图样。引导和帮助农民切实解决住宅与畜禽圈舍混杂问题，搞好农村污水、垃圾治理，改善农村环境卫生。注重村庄安全建设，防止山洪、泥石流等灾害对村庄的危害，加强农村消防工作。村庄治理要突出乡村特色、地方特色和民族特色，保护有历史文化价值的古村落和古民宅。要本着节约原则，充分立足现有基础进行房屋和设施改造，防止大拆大建，防止加重农民负担，扎实稳步地推进村庄治理。

5.5.5 探索建立鄱阳湖生态经济区生态补偿机制

5.5.5.1 流域生态补偿机制与减少贫困

水是维持人类和生态系统生存和发展的控制性资源之一。水资源的可持续利用直接关系到人民生活和社会经济的持续发展。流域水资源保护和持续利用是实现全流域社会经济可持续发展的基础。我国大江大河的流向多数是自西向东，源头多数位于中西部山区，这些地区经济相对落后，人民生活相对贫困，大多数属于国家限制或禁止开发类型区，也是贫困县和贫困人口集中分布区。由于特殊的地理条件，我国江河源头地区生态比较脆弱，保护生态环境任务艰巨。长期以来，江河源头地区人民承担着建设和保护生态环境的巨大负担，禁止和限制开发的政策进一步限制了区域资源开发和经济发展，流域上下游地区社

会经济发展水平的差距不断拉大，严重地影响了上游地区保护生态环境的积极性，增加了上游地区生态环境保护的压力。建立流域生态补偿机制已经成为我市解决区域社会经济失衡、保护流域水资源生态安全问题的重要手段和迫切需要。

随着“鄱阳湖生态经济区”建设的实施与推进，“鄱阳湖生态经济区”的社会经济将会得到迅速发展。但是，位于鄱阳湖流域中、上游的广大丘陵山区以及鄱阳湖周边区域等纳入生态敏感区域，自然资源开发利用以及工农业发展将受到极大的限制，这些地区将不得不为“鄱阳湖生态经济区”承受越来越大的生态保护屏障责任：一方面要不断增加生态环境保护的投入，另一方面还必须停止影响重要水源涵养地的一切经济活动，拒绝对生态环境可能产生负面影响的产业落户，从而使这些地区失去了许多发展机会，将必然在相当程度上影响这些区域的经济发展，同时贫困人口将面临更大的经济压力，加剧了扶贫的难度。不能否认，从微观的角度上讲，生态环境保护和优化在短期内必然存在一定直接的，甚至是长期的经济损失，同时由于生态环境的消费具有明显的非排他性的公共物品特征，这就使其投入的成本不能直接到市场上交换得到补偿。如何协调环境保护与减少贫困的关系？国内外实践证明，建立生态环境补偿机制是一种行之有效的措施。生态补偿机制就是通过一定的政策手段实行生态保护外部性的内部化，让生态保护成果的“受益者”支付相应的费用，而生态产品的供给者获得合理费用。就是要通过制度设计解决好生态产品这一特殊公共产品消费中的“搭便车”现象，激励公共产品的足额提供。同时，通过制度创新解决好生态投资者的合理回报，激励人们从事生态保护投资并使生态资本增值。建立健全相应的生态环境补偿机制，是确保资源的开发利用建立在生态系统的自我恢复能力可承受范围之内，实现鄱阳湖生态经济区可持续发展战略的基本要求，是有效缓解和减少生态贫困的内在要求，也是国家生态保护与建设的核心环节和生态环境管理规范化、市场化的制度保障。

5.5.5.2 鄱阳湖生态补偿方式和资金渠道

（1）流域生态补偿类型和方式。流域生态补偿的方式和途径很多，按照不同分类方法有不同的分类体系。

1）按照补偿方式可以分为资金补偿、实物补偿、政策补偿、技术补偿和产业补偿等；按照补偿方向可以分为纵向补偿和横向补偿；补偿实施主体和运作机制是决定补偿方式本质特征的核心内容。

2）按照实施主体和运作机制的差异，可以分为政府补偿和市场补偿两大类型：

① 政府补偿。政府补偿是开展流域生态补偿最重要的形式，也是目前比较容易启动的补偿方式。政府补偿是以国家或上级政府为实施和补偿主体，以区域、下级政府、单位和个体为补偿对象，以流域内供水安全、社会稳定、区域协调发展等为目标，以财政补贴、政策倾斜、项目实施、税费改革和人才技术投入等为手段的补偿方式。政府补偿方式中包括下面几种：财政转移支付、差异性的区域倾斜政策、环境保护与生态建设项目实施和环境税费制度等。过多的政府补偿会给国家财政造成压力。

② 市场补偿。市场交易的对象可以是生态环境要素的权属，也可以是生态环境服务功能，或者是环境污染治理的绩效或配额。通过市场交易或支付，兑现生态环境服务功能的价值。典型的市场补偿方式包括下面几个方面：公共支付、一对一交易、市场交易、生态环境标记。

3）从补偿效果角度可分为“输血型”补偿和“造血型”补偿。

① “输血型”补偿是指政府或补偿者将筹集起来的补偿资金定期转移给被补偿方，这种支付方式的优点是被补偿方拥有极大的灵活性，缺点是补偿资金可能转化为消费性支出，不能从机制上帮助受补偿方。

② “造血型”补偿是指政府或补偿者运用项目支持的形式，将补偿资金转化为实物、人力、技术等安排到被补偿方（地区），其目的是增加落后地区发展能力，形成造血机能与自我发展机制。

4）流域生态补偿方式可以分为 5 种类型：资金补偿、实物补偿、政策补偿、技术补偿和产业补偿。

① 资金补偿。资金补偿是较常见的补偿方式，也是当前较迫切的补偿需求。受补偿地区只有在经济收入得到一定保障之后，才会有进行环境保护和生态建设的积极性。补偿者可以直接向受补偿者提供资金补偿，也可以通过补偿机构组织，对受补偿者进行间接补偿，从而使补偿的实现更为有效。资金补偿常见的形式有：补偿金、赠款、减免税收、退税、信用担保的贷款、补贴、财政转移支付、贴息、加速折旧等。

② 实物补偿。实物补偿是指补偿者运用物品、粮食和土地等进行补偿，提供受补偿者部分的生产要素和生活要素，改善受补偿者的生活状况，增强生产能力。实物补偿有利于提高物质使用效率，如退耕还林还草政策中运用大量粮食进行补偿的方式。

③ 政策补偿。政策补偿是中央政府、上级政府对下级政府的权力和机会补偿。受补偿者在授权的范围内，利用政策制定的优先权，制定一系列创新性的政策，促进发展并筹集资金。利用制度和政策资源进行补偿是十分重要的，尤其是对资金匮乏，经济落后的上游地区更为重要。给予促进流域上游地区发展的优惠政策本身就是一种补偿。在流域生态补偿机制完善过程中涉及融资、产业结构调整、区域关系协调、税收、立法监督等一系列问题，这些问题的解决都需要依赖于相关政策的制定。要取得流域生态补偿的长期绩效，政府应采取更加有效的政策措施，例如可以采取税收政策、金融政策、产业政策以及区际协调政策等。在多种补偿方式的支持下，对流域生态补偿机制的统一管理，政策手段将发挥更大的调节作用。

④ 技术补偿。技术补偿是对受补偿者的生产技能、科技文化素质和管理水平的有效补偿形式。流域生态建设一方面需要大批掌握生态技术和管理的劳动者，另一方面在生态建设过程中需要转移大量劳动力从事非农产业、生态农业、特色产业等方面的活动，这就需要不断提高劳动者，特别是流域上游生态建设地区农民的素质。对被补偿者开展技术服务，提供无偿技术咨询和指导，为受补偿地区培训技术人才和管理人才，输送各类专业人才，提高受补偿地区的生产技能、技术水平和管理组织水平，以增强流域上游地区的经济造血功能，促使经济发展和居民增收。目前国家已向西部地区提供了一些无偿的教育和技术项目，今后仍需扩大规模，逐步规范。

⑤ 产业补偿。流域内各地区产业之间是密切相关的，有许多产业直接得益于流域内良好的生态环境，也应负担一部分生态环境建设所需费用，可以从这类产业收益中按照一定比例提取资金对生态环境建设进行补偿。根据“谁受益，谁补偿”原则，新兴产业可以上缴税收的形式提供一定的补偿资金。这部分补偿可以在产业结构调整完成后征收，统一纳入总补偿费用中进行分配。

就鄱阳湖生态经济区生态补偿而言，应中央政府财政转移支付为主要方式，优惠政策以及地方政府财政作为辅助形式，比较切合当前的实际需求。

（2）鄱阳湖生态补偿资金渠道。一是征收流域生态补偿税和生态补偿费。建立生态与环境友好型的税收制度是促进流域生态环境保护的长效手段，这一制度通过征收流域生态补偿税，利用绿色理念改造现有税收制度，按照生态规律校准市场信息，从而优化整个流域内的生产生活方式。对于流域水资源和生态环境这种公共产品、公共服务的成本补偿，有时不适合采用征税方式，可以采用较为灵活、有效的收费方式。流域生态补偿费是为了防止流域生态环境破坏，以对流域生态环境产生或者可能产生不良影响的生产者、经营者和开发利用者为征收对象，以流域生态环境整治及恢复为主要内容，向受益单位部门征收一定的费用，并将其纳入国家预算，由财政部门统一管理，国家每年将一部分资金返还给流域上游地区用于环境保护和生态建设。二是提供优惠信用贷款。通过制定有利于流域环境保护和生态建设的金融信贷政策，鼓励各类金融机构在保证信贷安全的前提下，由政府政策性担保提供用于清洁生产发展的贷款，以低息或无息贷款的形式向流域环境保护行为和生态建设活动提供小额贷款，可以作为流域环境保护和生态建设的启动资金，鼓励流域上游地区进行环境整治和生态建设，这样既可以刺激借贷人有效地使用贷款，又可以提高借贷行为的生态利用效率。三是建立流域生态补偿基金。建立流域生态补偿基金是由政府部门、非政府组织、社会团体和个人等提供资金用于支持流域环境保护行为和生态建设活动，流域生态补偿基金应主要来源于流域中下游地区的税费、国家财政转移支付资金、扶贫资金和国际环境保护非政府机构的捐款等。流域生态补偿基金主要用于培育流域上游地区的环境恢复和生态效益增值，如生态林建设、水源涵养保护、小流域综合治理、生态农业、清洁生产工业小区和生态村镇建设等方面。四是争取国际组织援助。流域环境保护和生态建设具有很强的全局性和整体性，中国已经加入了世界贸易组织，国内流域生态环境的保护和恢复，受到全世界的关注，我们可以借助诸如世界银行等国外机构提供的资金，国际环境研究所、世界自然基金会等国际非政府组织提供的国际合作项目，加强流域环境保护和生态建设。

5.5.5.3 生态补偿的主体和受体设计

（1）鄱阳湖生态经济区补偿主体与对象确定原则。在流域水资源保护过程中，上游地区局部利益与整个流域的全局利益之间产生了矛盾，为了保护全流域的生产生活用水，对流域上游地区的生产生活方式进行一定的限制，阻碍了上游地区的经济发展；流域下游地区享用着上游地区提供的清洁水资源，社会经济快速发展，也应承担相应的流域水资源保护责任。上游地区的农民、林农在市场经济的外部环境中，作为独立的“经济个体”，他们追求自身经济利益的最大化，以改善自身的生活福利水平，由于受到“生态公益林保护”、“退耕还林”和“退园还林”政策的影响，导致农、牧民的经济收入减少，在水源保护过程中属于利益受损者。上游地区的工业企业，以追求利润最大化作为自身的经营目标，即以最低的成本投入获取最大的经济收益，其中工业企业污染物处理成本是其成本投入的重要构成部分。由于水源保护区的水质保护目标高于流域其他地区，要达到水质保护目标要求，工业企业投入的治理污染物成本要高于其他地区，在市场经济条件下，这些工业企业与其他企业竞争中处于劣势。因此，水资源保护过程中，上游地区的工业企业也属于利益受损者。流域上游地区的地方政府扮演两重“角色”，一方面要执行上级政府的命令，服从上级政府从全局高度做出的政策选择。另一方面又代表上游地区人民的利益，大力提高当地的经济发展水平是上游地区地方政府的重要职责，也是考核其政绩的重要参考指标。在流域水资源保护过程中，由于农民和工业企业的利益受到损失，也会减少当地政府的财政收入，从发展经济的角度来说，上游地区政府也属于利益受损者。下游地区的地方政府是广大用水者的利益代表，要确保有足量清洁的水资源供应，又要保证水资源价格的合理，属于宏观调控者。具体到鄱阳湖生态经济区，一切处于流域上游地区的人口属于补偿受体，而收益于鄱阳湖水资源安全的下流地区属于补偿主体。下游地区的居民由于使用了洁净的水资源而保证了自身的身体健康，所以也属于受益者。

位于鄱阳湖流域上游地区政府，具有两种“身份”特征，一方面要执行国家的宏观决策，服从国家的全局利益安排；另一方面也要发展经济，提高本市人民的生活福利水平，同时也受到政府业绩考核的约束，市级财政收入也会受到水源保护的间接影响而减少，属于间接利益受损者；中央政府从全局的高度追求整个流域内的社会公平和各个地区间的和谐发展，同时也要保证发展的效率，在效率与公平之间寻找平衡。

（2）鄱阳湖生态经济区生态补偿主体与对象识别。一是需要明确补偿主体。流域水源保护补偿主体可以分为国家、中下游地区和上游地区自身。国家补偿是指中央政府对流域上游区域生态建设给予的财政拨款和补贴；中下游地区补偿是指中下游地区对流域生态环境建设投入的合理分担以及给予上游地区各种形式的补偿；上游地区自身补偿是指上游地区当地政府对直接从事生态建设个人和组织进行的补偿。从长远来看，上游地区自身将是生态建设最大的受益者，但由于上游地区目前经济发展较为落后，大部分地区比较贫困，自身进行生态建设的能力十分薄弱。因此，目前的流域水源保护补偿应以国家和中下游地区补偿为主，上游地区自身补偿作为补充的办法较为切实可行。对鄱阳湖流域而言，国家已经通过安排预算内生态工程资金实施了补偿政策，国家已经成为补偿的主体之一。同时，中央财政已将流域上游地区的林地纳入森林生态效益补偿范围，每年安排资金用于森林生态补偿。在流域的下游地区，根据“受益者补偿”的原则，一切从水资源保护中受益的企业、单位和个人都应该成为补偿主体。主要包括下游地区的政府以及受益城市居民都为补偿主体。考虑到实际补偿操作过程中的可行性，可以把省级政府作为直接补偿主体，受益城市居民可以作为间接补偿主体，通过缴纳税和费的形式把补偿资金聚集到下游地区的财政部门，由省政府代表下游的各用水受益者实施补偿。二是补偿受体的确定。流域上游地区实施各项水源保护措施，为保障全流域水资源的可持续利用，投入了大量的人力、物力和财力，甚至以牺牲当地的经济发展为代价，因此，为保护流域水资源的可持续利用作出贡献的上游地区理应得到合理的补偿。在鄱阳湖流域内，一切为水资源保护作出牺牲和奉献的企业、单位和个人都应该成为补偿对象。主要包括：流域上游地区政府、企业、农民。考虑到实际操作过程中的可行性，可以由代表上游地区企业和个人利益的上游地方政府作为直接补偿对象，上游地方政府接受补偿以后，把上游地区的企业、农民作为间接补偿对象，根据当地企业和个人的利益损失情况，制订本区域内合理的补偿方案，对为水源保护作出牺牲和贡献的企业和个人实施补偿。

5.5.5.4 生态补偿标准计算方法

以流域水资源为主线把上下游地区联系起来，流域上游地区为增加下游来水量，保护来水水质而影响了本地区经济的发展。因保护流域水资源上游地区所受到的影响和发展限制可以分为两个层次：一是为保护水资源，上游地区所开展生态建设和环境保护而进行了大量人力、物力和财力投入，这种使整个流域受益的生态建设和环境保护成本仅由上游地区来承担是不公平的；二是因保护流域水资源水质，上游地区排污标准高于同一流域内其他地区的排污标准，这在很大程度上剥夺了上游地区发展工业的机会和权利，即丧失了部分工业发展机会成本。为了保护流域水资源，流域上游地区进行了大量生态保护与建设工作，投入了大量的人力、物力和财力，这种投入主要包括国家投入和源区自身的投入，且以江西省和国家工程项目的投入为主。这部分投入已经形成了源区良好的生态资产，发挥着重要的水资源安全屏障作用。对已经投入成本及其效益进行历史性的补偿，尽管理论上有其合理性，但是就鄱阳湖生态经济区而言存在现实的操作难度。在实际的计算中，可以参考江西省发展和改革委员会、江西省环境保护厅等单位编制的鄱阳湖生态经济区生态保护与建设相关规划。

5.5.5.5 鄱阳湖生态经济区实施生态补偿的基本原则和具体方案设计

（1）生态补偿的二元原则。生态补偿不是指流域内上下游各行政单元间简单的相互直接补偿，而是指流域内各行政单元内部的自我补偿和各行政单元之间的统筹补偿。其中，各行政单元内部的自我补偿是前提，各行政单元之间的统筹补偿是目标，两种补偿相辅相成、缺一不可。东江源区生态补偿，应当是流域内单个行政单元内部和多个行政单元统筹的二元补偿。首先，各行政单元内部的自我补偿。基本途径是：偿还旧账——通过补偿，偿还水生态破坏、环境污染的旧账；不欠新账——发展经济要综合考虑环境功能区划、水环境功能达标要求；加快发展——在符合环境功能区划产业定位、水环境承载容量的前提下实现较快发展；和谐发展——区域水生态支撑力与区域经济发展、生存保障相协调。追求的目标是：流出行政单元断面的水质达标；行政单元辖区内的水质达标。其次，各行政单元之间的统筹补偿。流域内各行政单元之间的统筹补偿，由各行政单元共同的上一级政府负责，各行政单元之间原则上不直接进行相互补偿或赔偿。基本途径是：划定鄱阳湖流域交接断面的水功能类别，确定断面水功能区水质的达标要求；制定鄱阳湖流域生态补偿具体办法，明确生态补偿的范围、原则、标准及各行政单元的责任义务。追求的目标是：上下游交接断面水功能区的水质达标；鄱阳湖流域产业结构和布局符合环境功能区划的要求。

（2）生态补偿近期方案。

① 国家财政补偿政策。鄱阳湖流域生态补偿，应当由政府主导。在政府层面，跨省流域生态补偿机制由中央政府建立，鄱阳湖流域与长江流域直接相通，鄱阳湖水资源安全事关长江流域安全。因此，鄱阳湖流域是跨越江西和湖北、安徽、江苏、上海等省（市）的大流域，中央财政政策是调整整个社会经济的重要手段。在中国当前的财政体制中，专项基金和财政转移支付制度对建立流域生态补偿机制具有重要的作用。在鄱阳湖生态经济区域可以尝试建立鄱阳湖流域生态补偿基金，同时中央政府加大对东江流域上游地区的财政转移支付力度，通过项目进行补偿。在国家实施积极财政政策以来，国家在鄱阳湖区域先后安排实施了退耕还林、天然林资源保护工程、珠江防护林工程、小流域治理、农业综合开发、扶贫开发、以工代赈、农村沼气、国家重点生态公益林管护等一系列项目，以工程项目投资的形式支持源区生态建设，这些工程项目的实施，极大地改善了源区的生态环境状况，在较大程度上缓解了生态建设资金缺乏的困难，但在今后的一段时期，中央政府

仍需要进一步加大对鄱阳湖生态经济区的项目支持力度。

② 江西省对鄱阳湖生态经济区的项目补偿和税费减免政策补偿。省内地区层面上的补偿模式主要是指江西省政府加大对鄱阳湖生态经济区在生态环境保护方面的财政转移支付，增加预算内和国债项目投资安排份额。江西省发展和改革委员会、江西省林业厅、江西省水利厅、江西省农业厅、江西省环保局和江西省国土资源厅等部门应在节能工程项目、生态工业园项目等资源高效利用项目、林业生态建设项目、水土保持工程项目、生态农业及新农村建设项目、矿山生态环境修复和环境保护、城镇环境保护工程投资方面对鄱阳湖生态经济区进行倾斜。在税收方面进行部分减免，尤其是对产业结构调整过程中发展生态农业、高科技产业以及资源节约型生态产业予以所得税、增值税（省内分成部分）、营业税、土地使用费等实行有限期的减免政策，以帮助源区实行产业转型。

③ 跨行政区域的生态补偿方案。制定鄱阳湖生态经济区生态补偿方案的基本原则是："立足当前、着眼长远、遵守法律、形式多样、增加水量、保证水质、互利互惠、实现双赢"。通过补偿实现的目标是：通过"退园还林"、涵养水源、小流域治理，污染治理等措施为流域下游地区增加水量，保护水质，建立起上下游经济一体化发展体系。促进东江源区经济结构优化、产业布局合理，建立起生态旅游、特色农业、新型工业等具有较强竞争力和科技水平的产业体系，实现经济、社会和生态环境协调发展。使流域上游地区成为下游的主要水源涵养基地、农副产品供应基地、疗养度假基地、劳务输出基地，实现流域上下游地区之间资源共享、优势互补、产业对接、联合协作、共同发展的双赢目标。一是在鄱阳湖生态经济区水土流失敏感区域实施"退园还林"工程。二是下游地区要合理承担生态建设与环境保护成本。以生态建设与环境保护的成本分担为进行补偿的下限。具体补偿期限参考退耕还林中生态林的补偿年限为 16 年，确定对上游地区生态建设和环境保护成本进行补偿的期限为 8 年。三是适当补偿源区工业发展机会成本损失。这部分补偿可以根据上述补偿标准采取"造血式"的项目补偿形式实施，积极帮助上游地区加强自身发展能力，在上游地区建设一批污染小、效益好的新型工业项目，既能解决当地人的就业问题，又可以增加上游地区的财政收入，使上游地区的经济发展进入良性循环，渐渐摆脱各种补偿。四是积极探索多中补偿途径。在长江流域下游地区的省（市）为流域上游地区设立"工业飞地"，给予各种优惠措施，帮助建设基础设施。把上游地区不能发展的工业项目转移到下游的"工业飞地"中，产生的利税全部返回给上游地区，以帮助上游地区发展经济；利用江苏、湖北等省资金、技术和管理优势，结合相对低廉的土地、劳动力资源优势以及果业基地优势，大力发展科技型、环保型产业，重点发展生态农业、生态果业，以优质果业基带动果品加工、包装、运输和销售服务一条龙产业链条的形成，提高源头区域的产业发展能力，使上游地区的发展进入良性循环。

（3）远期补偿方案。一是建立流域排污权交易市场。从长远来看，应通过建立全流域的排污权交易市场，实现流域水资源保护的补偿。全流域的排污权交易打破了以往水资源管理中的行政界限，把全流域作为一个整体考虑，实现水环境目标的统一管理，有利于水环境质量的改善和保护。排污权交易是建立合法的污染物排放权利即排污权，这种权利通常以排污许可证的形式表现，并允许这种权利像商品那样被买入和卖出，实现污染物的排放控制。首先由政府部门确定出全流域内各区域的环境质量目标，根据环境质量目标评估各区域的环境容量，然后推算出污染物的最大允许排放量，并将最大允许排放量分割成若干规定的排放量。在排污权交易体制下，排污者明晰了环境容量资源使用权，排污者就会从其利益出发，自主决定其污染治理程度，从而买入或卖出排污权。在排污权市场上，只要污染源间存在边际治理成本差异，排污权交易就可能使交易双方都受益：治理成本低的上游地区多削减，剩余的排放权可用于出售；治理成本高的下游地区通过购买排污权少削减。当地区间治理最后一个单位污染物的边际成本相等时，交易就会停止。通过市场交易，排污权从治理成本低的污染者流向治理成本高的污染者，结果是社会以最低成本实现污染物减少排放，环境容量资源实现高效率的配置。排污权使流域内各地区都产生了节约环境资源的动机，在利益最大化行为的导向作用下，各地区在购买排污权和治理之间作出对自己有利的选择。排污权交易不仅可以促进流域内各个地区经济的发展，还可以使流域水环境质量不断得到改善，有利于流域水资源的水质保护。对于鄱阳湖流域，首先应该评估不同的情景下流域内可以利用的水环境容量大小，然后在不同的行政区域之间公平地进行分配，下游工业发达地区如果要多利用水环境容量，可以向上游地区购买水环境容量资源，上游地区也因生态环境良好拥有的水环境容量而获得了经济效益，上、下游地区都有控制污染、保护水环境的动力，从而实现全流域内水环境的有效保护和水环境容量资源的最优化利用。二是明晰流域水权，建立水权交易市场。鄱阳湖流域内产生各种环境冲突的一个重要原因是水资源使用权不清，导致一方面流域内水资源缺乏严重，另一方面流域内各地区存在着严重的用水浪费现象。从长远来看，最终要解决这个问题，应该对各地区的初始水资源使用权进行配置，使各地区明确在不同情景下各地区的可用水资源量，然后建立水权交易市场，实行水权交易，各地区根据本区域的实际情况，选择出售或购买水资源使用权，出售水资源的地区会主动节水从而获得更多的经济效益，购买水资源地区也会出于经济压力而产生主动节水的动力，有利于提高水资源的利用效率。实施流域水权和排污权的初始配置，明确流域上中下游可以使用的水资源量和水环境容量，上中下游之间可以进行水权分配和排污权交易，主要靠市场的力量解决水资源利用中的矛盾问题。政府主要对市场的建立和运作进行监管，从而实现水资源的高效利用和有效保护。

5.5.5.6 鄱阳湖生态经济区生态补偿机制的实施途径

鄱阳湖生态补偿，由政府主导才能完成。在政府层面，建立流域生态补偿机制应按照从上到下的顺序进行，即跨江西和下游行政区流域生态补偿机制由中央政府建立，区域内各地市之间的流域生态补偿机制由江西省人民政府建立；在流域层面，应按照从大到小的顺序进行，即流域生态环境保护与经济社会发展的协调要按全流域到省域、市域、县域范围的顺序依次开展。依据这样的原则，扎实做好以下几个方面的工作：

（1）要尽快明确流域内各行政单元的功能区划。国家应从全流域生态环境保护和经济社会发展的实际出发，科学划定流域水域、陆域的生态功能区。江西和相关省和相关市、县要严格按国家的功能区划，进一步细化所辖区域水域、陆域的功能区，明确生态保育、生态控制、生态协调等功能区。流域内各行政单元依据上述功能区划，进一步划定重点开发区、优化开发区、限制开发区、禁止开发区，明确各功能区的保护目标、产业定位，制定产业发展导向目录，严格设定敏感项目环评及各级行政审批权限。

（2）要尽快明确鄱阳湖和长江流域交接断面水质与水资源量的要求。依据水环境功能区划，明确交接断面的水质类别、评价项目、评价方法、监测频次、监测规范、质量保证及信息公开方式。依据水资源量的周年动态，明确上下游的水资源通量。

（3）要确立鄱阳湖流域功能区划的法律地位。应在水法和水污染防治法的基础上，尽快制定生态功能区划法，明确功能区的法律地位、划分原则、确定方法、责任主体、法律责任及执法主体。对违背功能区划的单位和个人，依法进行责任追究。

（4）要明确流域内江西省和长江中下游地区省及其所属各行政单元的权利和义务。各行政单元均有保护水域环境、发展经济的权利和义务。在较好履行“使辖区产业符合功能区划定位、保障流出断面水质达标及水资源量”的义务的前提下，辖区内如属生态保育区，虽不属保育区但限制开发、禁止开发区域比例较大，导致产业发展和环境容量受到限制，此行政单元就有要求获取生态补偿的权利。各行政单元如未能较好履行义务，如产业发展不符合功能区划定位、流出断面水质不达标、水资源量无保证，则应承担生态赔偿的责任。水功能区、交接断面水质类别，由共同的上一级政府根据全流域发展统筹划定。上下游各自因生态敏感区保护及其对发展的限制等而要求生态补偿，由流域统筹补偿来解决，责任在共同的上一级政府。上游没有因发展受限而要求下游对其进行直接补偿的权利，下游也无向上游进行直接补偿的义务。上下游行政单元应依照共同的上一级政府依法划定的功能定位，大力发展生态产业，保护生态环境，并依据分配的环境容量，优化产业结构，用有限的纳污容量实现最快的经济增长。

（5）要尽快建立鄱阳湖流域水生态保护协调机制。由流域内各行政单元共同的上一级政府负责建立流域协调机构。协调机构负责制定流域生态环境保护规划，划定功能区，明确各行政单元断面水质的考核办法，签订水环境保护工作目标责任状，论证对流域生态可能产生重要影响的工程项目，制定流域应急预案，协调解决影响流域生态安全的各类建设与开发矛盾，负责考核各行政单元履行生态补偿义务的情况。

（6）要逐步完善相关政策。应采取先易后难、循序渐进的方式，首先建立并逐步完善公共财政补偿政策，同时抓紧研究制定产业扶持及市场化生态补偿政策，使补偿机制不断完善。

5.5.5.7 建立鄱阳湖生态经济区生态补偿保障措施

（1）通过各种手段，加大宣传力度，广泛弘扬环境有价的理念，大力提倡“污染者付费、利用者补偿、开发者保护、破坏者恢复”。全面提高各级领导、各类企业和广大公民的生态环境意识，在继续增强生态功能区人们维权意识的同时，着重增强受益地区干部和群众进行生态补偿的自觉性和主动性。充分发挥新闻媒体和各类文化作品的导向作用，加大宣传报道的力度，扩大宣传的覆盖面，努力引导广大群众关心和参与鄱阳湖生态经济区生态补偿机制建立工程，在全社会形成良好生态环境不是免费品的观念，从而为建立和实施生态补偿机制奠定浓厚的舆论基础。

（2）完善生态补偿相关法律法规。现有的《环境保护法》、《水污染防治法》、《森林法》、《野生动物保护法》、《水法》、《农业法》、《水土保持法》、《土地管理法》、《城市规划法》、《自然保护区条例》等法律法规都没有对生态补偿的相关内容做出详细的规定，例如补偿基金支付和管理等方面的问题、制定补偿模式的具体操作程序、“生态补偿试验区”设立和管理办法等。如果中央没有一个法律依据和政策依据，下面很难有突破性的进展，特别是涉及跨界的问题，中央不建政策平台，地方困难重重。为推动流域生态补偿机制的建立，国家尽快出台相关法律法规是最有效的途径。为彰显生态补偿机制的重要战略地位，必须加强立法研究工作，使《生态补偿法》尽快出台，以对生态补偿机制中的利益相关方的权利和义务进行约束，保障生态补偿的可持续性和稳定性。

（3）建立体制，规范运作。只有在建立完善的流域生态补偿机制前提下，才有可能建立符合鄱阳湖生态经济区特点且具有实践作用生态补偿机制。由于生态环境的保护和补偿是跨区域跨领域的一项巨大工程，离不开中央政府的管理和协调。鄱阳湖生态经济区生态补偿问题是一项跨地区、跨部门、跨行业的系统工程，各级政府和有关部门要将其作为保障国民经济可持续发展的一项重要战略任务来抓，建立起责任、监督、补偿三方面有机结合的机制，把各方面的积极性充分调动起来。为此，建议国务院成立“生态补偿工作办公室”，统一管理相关工作。由该办公室按照《生态补偿法》的规定，组织专家结合《全国生态功能区划》和我国环境污染、生态破坏的实际情况，科学确定全国不同地区的补偿标准、补偿方式和补偿对象，建立合理的评价体系、责任体系和考核体系，使我国的生态补偿工作尽快走上制度化、规范化的轨道。

（4）广开渠道，筹措资金。首先要建立健全政府间财政转移支付制度。中央财政要加大对中西部地区重点生态功能区转移支付力度，设立支持重点生态区的专项资金；其次要引导省级及以下政府之间建立财政转移支付制度，如东部沿海发达省份向输出生态资源的中西部欠发达省份予以补偿；再次是建立基金，既可通过发行中长期特种生态建设债券，也可通过发行彩票来筹集资金；最后是开征“生态补偿税”，以取代目前各部门的多种相关收费，如资源费、水土保持费、排污费等，费改税可以增大征缴力度、降低征缴成本、保证资金用于生态补偿。

（5）加快推动试点工作。建议环境保护部将鄱阳湖生态经济区纳入国家开展生态环境补偿试点的地区，加快推动鄱阳湖生态经济区生态补偿工作顺利开展。积极探索异地开发生态补偿模式。金华江流域生态补偿在对上游磐安县进行补偿时在磐安县和金华市之间采取了异地开发的补偿模式，在磐安县建立金磐扶贫经济技术开发区。同样在鄱阳湖生态经济区也可以采用这种异地开发的模式进行生态补偿。在防止重复建设和禁止转移落后技术及污染环境项目前提下，采取有力措施加大对源头区域的扶持力度，支持江苏、上海等地区各种经济成分的企业到鄱阳湖生态经济区投资，采取多种方式进行合作。加强对口支援，鼓励内外资企业、民间团体投资和参与东江源头区域生态建设。

（6）完善生态补偿监任管理机制。目前我国已有相关的生态补偿资金的筹集途径和相关的生态补偿收费和税收。但是，因为缺少有力度的监督管理机制，资金不能到位，资金使用方向不明，使用效率不高等现象经常出现，补偿者和受益者相互脱节，使得生态补偿机制不能在强有力的管理机制中运行。为此要加强对生态补偿义务和责任两个方面的监督管理，一方面要保证资金按照法定要求及时收取，并实行专款专用；另一方面保证资金运行的安全高效率，杜绝资金流失，保证生态补偿资金的正确使用方向，督促受补偿方正确履行生态建设和环境保护责任和义务。

主要参考文献

[1] Tom Tietenberg. Environmental and Natural Resource Economics[M]. Addison Wesley Longman，2000.

[2] Cowell F. Measuring Inequality[M].Prentice Hall and Harvester Wheatabeaf，1995.

[3] Shujie Yao Economic Development and Poverty Reduction in China over 20 Years of Reforms [J]. Economic Development and Cultural Chang，2000（3）：300-320.

[4] Dagdeviren，H.，Hoeven，R.，Weeks，J.. Poverty Reduction with Growth and Redistribution[J].Development and Chang，2002（33）：384-413.

[5] Dollar，D.，A.，Kraay. Growth Is Good for The Poor[J]. Journal of Economic Growth，2002（7）：195-225.

[6] David，Madden. Relative or absolute poverty lines：a new approach[J]. Review of in come and wealth，2000，46（2）.

[7] Davies，J.，and Hoy，M.. Making inequality comparisons when Lorenz Curve Cross[J]. American Economic Review，1995（85）：980-986.

[8] Deutsch，J.，Silber，J.. The Measuring Multidimensional Poverty：An Empirical Comparison of Various Approaches [J].Review of Income and Wealth，2005（1）：145-174.

[9] Bourguignon，F.，Chakravarty，S.R.. The Measurement of Multidimensional Poverty[J]. Journal of Economic Inequality，2003（1）：25-49.

[10] Bourguignon，F.，G S.. Fields，Poverty Measures and Anti-poverty Policy[J]. Recherches Economiques de Louvain，1990（56）：409-427.

[11] Bourguignon，F. and C.，Morrison. Inequality among World Citizens：1820-1992[J]. American Economic Review，2002（92）：727-744.

[12] 闫天池.中国贫困地区县域经济发展研究[M].大连：东北财经大学出版社，2004.

[13] 莫泰基.香港贫困与社会保障[M].香港：中华书局，1993.

[14] 陈端计.中国经济转型中的城镇贫困问题研究[M].北京：经济科学出版社，2001.

[15] 孔祥智.崛起与超越——中国农村改革的过程及机理分析[M]. 北京：中国人民大学出版社，2008.

[16] 国务院扶贫开发领导小组办公室.中国农村扶贫开发概要[M].北京：中国财政经济出版社，2003.

[17] 陈健生.生态脆弱地区农村慢性贫困研究——基于600个国家重点县的监测数据[M]. 北京：经济科学出版社，2009.

[18] 中国发展研究基金会.在发展中消除贫困：中国发展报告2007[M].北京：中国发展出版社，2007.

[19] 李小云，等.中国财政扶贫资金的瞄准与偏离[M].北京：社会科学文献出版社，2006.

[20] 《鄱阳湖研究》编委会. 鄱阳湖研究[M]. 上海：上海科学技术出版社，1988.

[21] 江西省科学院.鄱阳湖地图集[M].北京：科学出版社，1993.

[22] 世界银行. 2000年世界发展报告[M].北京：中国财政经济出版社，2001.

[23] 世界银行. 2001年世界发展报告[M].北京：中国财政经济出版社，2002.

[24] 国家统计局农村社会经济调查司. 2008年中国农村贫困监测报告 [M].北京：中国统计出版社，2008.

[25] 国家统计局农村社会经济调查司. 2007 年中国农村贫困监测报告[M].北京：中国统计出版社，2007.
[26] 国家统计局农村社会经济调查司. 2006 年中国农村贫困监测报告[M].北京：中国统计出版社，2006.
[27] 国家统计局农村社会经济调查司. 2005 年中国农村贫困监测报告[M].北京：中国统计出版社，2005.
[28] 杨飞.中国贫困山区农村反贫困问题研究——以大别山区湖北省英山县为例[D].华中师范大学，2007.
[29] 蒋凯峰.我国农村贫困、收入分配和反贫困政策研究[D].华中科技大学，2009.
[30] 阳小明.新时期中国农村反贫困政策研究[D].湖南大学，2006.
[31] 王菊仙.中国贫困地区人力资本投资[D].华南师范大学，2003.
[32] 王碧玉.中国农村反贫困研究[D].东北林业大学，2006.
[33] 刘葵. 中国西部农村贫困人口与财政补贴分析[D].西北工业大学，2006.
[34] 张宜平.中国社会科学论文基金资助研究 [J].现代情报，2005，25（3）：34-36.
[35] 康涛，陈斐.关于我国农村贫困与反贫困的研究[J].华中农业大学学报（社会科学版），2004（4）：5-11.
[36] 杨冬民，韦苇.贫困理论中若干问题的比较研究及对西部反贫困实践的启示[J].经济问题探索，2005（1）：4-7.
[37] 夏振坤.经济发展中值得研究的几个问题[J].经济学动态，2003（12）：72-74.
[38] 丁萌萌，卓玛措.贫困线与我国农村贫困[J].重庆交通学院学报（社科版），2006（1）：20-23.
[39] 向国春，朱静秋，阎正民.界定贫困的标准研究综述[J].中国卫生事业管理，2009（6）：368-370.
[40] 张全红，张建华.中国农村贫困变动：1981—2005 年——基于不同贫困线标准和指数的对比分析[J].统计研究，2010，27（2）：28-35.
[41] 张庭凯，王冬利，张智慧. 水库移民的贫困问题及脱贫对策研究[J].黄河水利职业技术学院学报，2008，20（2）：18-21.
[42] 麻朝晖.我国的贫困分布与生态环境脆弱相关度之分析[J].绍兴文理学院学报，2003，23（1）：92-95.
[43] 蔡海生，张学玲，周丙娟.生态环境脆弱性动态评价的理论与方法[J].中国水土保持，2009（2）：18-22.
[44] 安智海，叶静颖.生态环境脆弱地区的旅游开发——以甘肃省民勤县为例[J]. 资源环境与发展，2009（2）：41-45.
[45] 蔡海生，陈美球，赵小敏.脆弱生态环境脆弱度评价研究进展[J].江西农业大学学报，2003，25（2）：270-275.
[46] 蔡海生，刘木生，李凤英，等. 生态环境脆弱性静态评价与动态评价[J]. 江西农业大学学报，2009，31（1）：149-155.
[47] 王国敏.农业自然灾害与农村贫困问题研究[J].经济学家，2005（3）：55-61.
[48] 倪瑛.贫困、生态脆弱以及生态移民——对西部地区的理论与实证分析[J].生态经济学（学术报），2007（2）：407-411.
[49] 程宝良，高丽.西部脆弱环境分布与贫困关系的研究[J].环境科学与技术，2009，32（2）：198-202.
[50] 黄泰岩，王检贵.居民收入差距指标体系的选择[J].当代经济研究，2000（9）：42- 47.
[51] 段世江，石春玲.中国农村反贫困：战略评价与视角选择[J].河北大学学报（哲社版），2004（6）：76-79.
[52] 邓国珠. 扶贫重点村的贫困现状分析——基于江西省大余县的调查[J].理论视点，2007（7）：19-20.
[53] 阎淑敏，朱玉春，韩杏花.生态脆弱地区可持续发展的症结及对策[J].生态经济，2000（11）：18-20.
[54] 江西省发展和改革委员会.环鄱阳湖经济圈规划（2006—2010）[Z].2006（12）.
[55] 张军涛.鄱阳湖湿地生态环境损失价值初步核算[J].统计研究，2004（8）：9-12.
[56] 徐中民，程国栋，王根绪.生态环境损失价值计算初步研究[J].地球科学进展，1999，14（5）：498-503.

[57] 舒长根.农业生产活动对鄱阳湖区生态环境影响[J].农村生态环境，1996，12（4）：11-14.
[58] 陈美球，蔡海生，黄靓.鄱阳湖区生态环境自然脆弱性综合评价[J].中国生态农业学报，2005，13（4）：181-183.
[59] 陈美球，蔡海生，赵小敏，等．基于 G1S 的鄱阳湖区脆弱生态环境的空间分异特征分析[J].江西农业大学学报，2003，25（4）：523-527.
[60] 刘桃菊，陈美球.鄱阳湖区湿地生态退化及其恢复对策研究[J].生态学杂志，2000，22（3）：74-77.
[61] 甘筱青.鄱阳湖区资源综合利用与社会可持续发展[J].南昌大学学报（理科版），2002（4）：328-333.
[62] 黄虹，邹长伟，何宗键，等．鄱阳湖水文承载力现状和趋势分析[J]. 中山大学学报（自然科学版），2003，42（增刊）：161-163.
[63] 闵骞．鄱阳湖 1998 年洪水特征[J]．水文，2001（3）：55-59.
[64] 闵骞.近 50 年鄱阳湖形态和水情的变化及其与围垦的关系[J]．水科学进展，2000，11（1）：76-81.
[65] 胡春华.历史时期鄱阳湖湖口长江倒灌分析[J]．地理学报，1999，54（1）：77-82.
[66] 程时长，王仕刚．鄱阳湖现代冲淤动态分析[J]．江西水利科技，2002，28（2）：125-128.
[67] 徐德龙，熊明，张晶.鄱阳湖水文特征分析[J]．人民长江，2001，32（2）：21-22.
[68] 官少飞.鄱阳湖资源开发中存在的问题及其对策的研究[J]．江西农业经济，2001（6）：7-9.
[69] 吕桦，钟业喜.鄱阳湖生态经济区地域范围研究[J]. 江西师范大学学报（自然科学版），2009，33（2）：249-252.
[70] 吕桦，钟业喜，蒋梅鑫.长江江西段区域经济发展战略研究[J]. 江西师范大学学报（自然科学版），2000，24（3）：264-269.
[71] 余达锦，胡振鹏.鄱阳湖生态经济区生态产业发展研究[J]. 长江流域资源与环境，2010，19（3）：231-236.
[72] 李伟，张彩彩.论生态产业发展对经济社会的影响[J]. 经济问题，2008（9）：27-29.
[73] 李树.我国生态产业的发展模式及政策支持[J]. 经济问题，2008（11）：24-27.
[74] 余达锦，胡振鹏.基于生态文明的区域生态旅游发展战略研究[J]. 生态经济，2008（9）：99-102.
[75] 胡振鹏，汪勤峰，张孝锋.循环经济园区发展的技术经济分析[J]. 长江流域资源与环境，2007，16（3）：136-140.
[76] 胡振鹏.永远保持鄱阳湖一湖清水[J]. 长江流域资源与环境，2008，17（2）：164-165.
[77] 陆大道.论区域的最佳结构与最佳发展——提出“点轴系统”和“T”型结构以来的回顾与再分析[J]. 地理学报，2001，56（2）：127-135.
[78] 李迎生，乜琪. 社会政策与反贫困：国际经验与中国实践[J]. 教学与研究，2009，（6）：16-21.
[79] 林毅夫．关于我国扶贫政策的几点建议[EB/OL]，国研网，2005:http://www.china.com.cn/chinese/pinkun/1048758.htm